Anita Hermann-Ruess

ad hoc präsentieren

Kurz, knackig und prägnant argumentieren und überzeugen

BusinessVillage

Anita Hermann-Ruess
ad hoc präsentieren
Kurz, knackig und prägnant argumentieren und überzeugen
1. Auflage 2012
© BusinessVillage GmbH, Göttingen

Bestellnummern
ISBN 978-3-86980-187-2 (Druckausgabe)
ISBN 978-3-86980-188-9 (E-Book, PDF)

Direktbezug www.BusinessVillage.de/bl/899

Bezugs- und Verlagsanschrift
BusinessVillage GmbH
Reinhäuser Landstraße 22
37083 Göttingen
Telefon: +49 (0)5 51 20 99–1 00
Fax: +49 (0)5 51 20 99–1 05
E-Mail: info@businessvillage.de
Web: www.businessvillage.de

Layout und Satz
Sabine Kempke

Charts und Illustrationen
Max Ott

Autorenfoto auf dem Cover
Stefan Weiss, www.emasol.ch

Druck und Bindung
www.booksfactory.de

Inhalt

Vorwort

Heutige Kommunikation muss auf den Punkt kommen. Immer, überall, jederzeit – und ad hoc. Entscheider haben immer weniger Zeit, sich langatmige Präsentationen mit 90 überladenen Charts anzuhören.

Wer es nicht schafft, sein Anliegen in ein paar Minuten griffig, einleuchtend und prägnant zu formulieren, fliegt aus dem Rennen. Er hat das Nachsehen, wenn es um die Verteilung von Budgets, Aufträgen oder Positionen geht. Andere ziehen an ihm vorbei – und das ist besonders frustrierend, wenn es die sind, die weniger leisten, sich aber besser präsentieren.

Aber auch wir selbst haben immer weniger Zeit, uns richtig und gewissenhaft vorzubereiten. Schnell soll alles gehen, der Chef hätte die Präsentation am liebsten schon gestern und auf dem Schreibtisch stapeln sich weitere Projekte.

Je mehr wir unter Druck stehen, je weniger wir uns vorbereiten können, umso unpräziser und schwammiger denken und reden wir.

Wie können wir immer und überall charmant und wirkungsvoll überzeugen und Gesprächspartner für uns und unsere Ideen gewinnen? Kurz, knapp und präzise, ohne große Vorbereitung?

In diesem Buch geht es darum, ad hoc und trotzdem präzise wichtige Entscheider zu überzeugen. Die Frage ist nur: Wie entscheiden Entscheider denn genau? Und was genau – welche Worte, welche Argumente, welche Visualisierung – überzeugt den/die Entscheider?

Hören Sie auch immer wieder die Empfehlungen:

»Du musst auf den Punkt kommen!« Und keiner sagt Ihnen: Was ist der Punkt genau?

»Sei prägnant und treffend!« Und keiner zeigt Ihnen, wohin genau Ihre Argumente treffen müssen?

»Sie müssen Emotionen wecken!« Und keiner verrät Ihnen, wie man dieses schillernde Wesen Emotion genau »weckt«?

Nun, dann geht es Ihnen wie so vielen. Die meisten von uns wissen, wie unser Handy, aber nicht wie Kommunikation wirklich funktioniert und wie man Menschen wirklich begeistert und für die eigenen Ideen gewinnt.

Auf all die oben genannten Fragen hat die moderne Kommunikationsforschung heute präzise Antworten. Wir wissen, wo der Punkt ist (die Lösung des Problems Ihres Gegenübers in einem Satz), wohin Argumente treffen müssen (ins Belohnungssystem im Gehirn Ihres Gegenübers) und wie viele rhetorisch wichtige Emotionen es gibt (nämlich acht, vier negative und vier positive) und wie man sie generiert (mit vier Kategorien von Argumenten) und verstärkt (zum Beispiel durch Wiederholungen, Steigerungen, Antithesen). Dieses Buch gibt Ihnen Antworten auf diese Fragen und führt dabei die Erkenntnisse der Rhetorik mit den Erkenntnissen der Neurowissenschaften und unserer langen Erfahrung als Kommunikationstrainer zusammen.

Wir machen Sie mit der Grammatik des Überzeugens bekannt. Wir zeigen Ihnen, wie Überzeugen wirklich funktioniert, psychologisch, neurobiologisch, logisch und rhetorisch. Wir deklinieren und trainieren mit praktischen Beispielen und Übungen mit Ihnen das Thema Überzeugen

in alle Richtungen durch – sodass Sie zum Schluss das Gelesene verinnerlichen und spontan und souverän einsetzen können – egal wann,
egal wo, egal vor wem.

Ich bin Präsentations- und Rhetorikexpertin. Seit vielen Jahren schrei-
be ich Bücher über wirkungsvolles Präsentieren und fesselnde Rhetorik.
In Seminaren unterstütze ich meine Teilnehmer dabei, sicher, kompetent und ansprechend zu präsentieren. Koautor Max Ott ist der Spezia-
list für visuelle Kommunikation. Er findet für unsere Kunden die richtige
Bildsprache, illustriert komplexe Zusammenhänge und gestaltet Power-
Point-Charts nach den neuesten Erkenntnissen aus Rhetorik und Design.
Unser Institut Hermann-Ruess & Partner (HRP) berät Unternehmen in
allen Fragen überzeugender Businesskommunikation, angefangen von
den richtigen Worten bis hin zur Wahl der richtigen Kommunikations-
kanäle, die heute eine immer wichtigere Rolle spielen.

Der absolute Verkaufsschlager aus unserem Trainingsprogramm ist das
Pitch-Training. Das Seminar schlägt unser Standard-Präsentations-Se-
minar »Wirkungsvoll präsentieren« um Längen. Wenn wir unsere Teilnehmer fragen, woran das liegt, dann antworten uns diese: »Wissen
Sie, Präsentationen kann man vorbereiten, man kann sich vorbereiten.
Aber aus dem Stegreif kompetent und souverän rüberzukommen, das
ist etwas ganz anderes. Und ich habe von meinen Kollegen, die schon
bei Ihnen waren, gehört, dass man genau das in diesem Kurs wirklich
lernt und übt!«

Wir haben in den letzten Jahren über tausend Teilnehmer in über hun-
dert Pitch-Kursen geschult. Dabei haben wir unsere Methoden jedes Mal
verbessert und verfeinert und noch mehr auf die spontane unmittelbare

Umsetzung abgestimmt. So entstand ein Leitfaden mit Strukturen, Prinzipien, Ideen und Highlights für Ad-hoc-Präsentationen, und daraus entstand die Idee zu diesem Buch.

Mit diesem Praxis-Ratgeber möchten wir unsere Erfahrungen und unser Wissen über diese Kommunikationsform mit Ihnen teilen, sodass Sie so argumentieren und präsentieren, dass in der Kürze der Zeit

- alle relevanten Informationen gegeben werden
- auch komplexe Zusammenhänge schnell und einfach auf den Punkt gebracht werden
- es den Entscheidern einfach gemacht wird, Ihrer Empfehlung zu folgen
- den Anwendern der Nutzen und der Wert Ihrer Lösung klar ersichtlich wird
- Ihre Botschaft nachhaltig positiv verankert und motiviert umgesetzt wird

In zehn praxisnahen Kapiteln führen wir Sie Schritt für Schritt zu Ihrem Ziel, über die Auswahl weniger, aber treffender Botschaften bis hin zur einleuchtenden Verpackung und erfolgreichen Vermittlung. Wir sortieren Materialberge, verdichten PowerPoint-Monster-Präsentationen und lernen schlagkräftige Strukturen für eine wirkungsvolle Kommunikation kennen.

Richtig präsentieren. Vermeiden Sie Kommunikationsfallen

Nun kommen Sie doch endlich zum Punkt

Wenn Sie immer und überall charmant und wirkungsvoll überzeugen und Gesprächspartner für sich und Ihre Ideen gewinnen können, dann wird Ihr Leben besser. Denn Sie bekommen mehr von dem, was Sie brauchen, und Sie verändern Ihre Situation so, dass Sie zufriedener werden. Sie können sich durchsetzen und werden positiv wahrgenommen. Sie ergattern einen Logenplatz und müssen sich nicht mit den hinteren Rängen abfinden.

Heute gilt mehr denn je das »The-Winner-takes-it-all-Prinzip«, in dem Inhalt und Qualität nur in geringem Maß ausschlaggebend für den Erfolg sind und in dem der globale Markt im Star-System den Gewinn in spektakulärer Ungleichheit zwischen Siegern und Verlieren verteilt. Der »Star-Appeal« – also die anziehende, belohnende Verpackung – entscheidet über die Wahrnehmung der Qualität.

Sie werden jetzt sicherlich einwenden: »Aber gute Inhalte, gute Qualität brauche ich doch auch dazu!« Ja, gute Inhalte sind die Grundlage, die Basis. Aber viele haben gute Inhalte. Wer heute keine guten Inhalte hat, der spielt gar nicht mit. Im Spiel um Marktanteile, Kunden und Gewinne sind die, die gute Abschlüsse haben, die Erfahrung und Know-how besitzen, die hochwertige Lösungen bieten, die perfekte Prozesse haben, die ihre Kosten im Griff haben. Diese stehen in den Startlöchern und kämpfen um die besten Positionen. Wenn der Startschuss fällt, kommt es darauf an, das richtige Training absolviert zu haben und mit dem richtigen Equipment loszulaufen.

Dasselbe gilt auch für unsere Kommunikation. Wer mit neunzig Charts, kiloschweren Katalogen, einem Kopf voll mit Listen, Fakten, Details, Produktmerkmalen, technischen Daten, unzähligen Argumenten loslegt, der hat es schwer, als Erster das Ziel zu erreichen. Leichtfüßig ziehen die mit den wenigen, wirkungsvoll verpackten Botschaften vorbei. »Nun kommen Sie doch mal zum Punkt!«, heißt es dann entnervt von Entscheiderseite. Statt Begeisterung und Zustimmung ernten wir Widerstand und Ablehnung.

Wer also kurz, knackig und präzise immer und überall präsentieren kann, der hat bildlich gesprochen die Nase vorn. Deshalb ist diese Kommunikationsform heute so wichtig – weil sie einen befähigt, jederzeit und überall seine Chancen zu ergreifen und in wenigen Sätzen sein Anliegen so zu positionieren, dass es nachwirkt und Handlungsimpulse beim Gegenüber auslöst.

Ad hoc präsentieren ist eine Kommunikationsform, die naturwissenschaftlichen und rhetorischen Gesetzmäßigkeiten folgt, die man erlernen kann. Es gibt neurobiologische Prämissen, logische Prinzipien und strukturelle Kriterien, die über Erfolg oder Misserfolg entscheiden.

Dieses Wissen können Sie sich aneignen – ähnlich wie Sie sich eine neue Software aneignen können. Ich kenne viele Menschen, die locker zwanzig Stunden einen Excel-Kurs besuchen, nie jedoch so viel Zeit in das Erlernen der »Überzeugungs-Software« in unserem Kopf stecken würden. Dabei wäre es so hilfreich zu wissen, wie sie funktioniert, nicht nur, wenn wir beruflich präsentieren, sondern auch in unserer Familie, im Ehrenamt, beim Posten in sozialen Netzwerken, wenn wir eine Mail schreiben, in einem wichtigen Telefonat oder in einem internationalen Online-Meeting.

Ad hoc präsentieren ist also eine Kommunikationsform, die Sie sich einmalig aneignen, die Sie verinnerlichen, dann immer wieder üben und die Sie nach und nach mühelos beherrschen werden. Mit diesem Buch legen Sie den Grundstein.

Klar, knapp, präzise und prägnant zu kommunizieren ist der größte Wunsch vieler Menschen – doch die wenigsten schaffen es, ihr Ideal zu erreichen –, vor allem nicht unter Druck und ad hoc. Woran das liegt, schauen wir uns im nächsten Kapitel genauer an, nachdem wir zwei Kommunikationsbeispiele analysiert haben.

Wie man in den Wald hineinruft, so hallt es zurück

Lassen Sie uns ein kleines Gedankenexperiment machen. Stellen Sie sich vor, ein Mitarbeiter möchte etwas von Ihnen. Nun trifft er Sie auf dem Flur und hält Sie auf. Sie sind mit Ihrem Kopf ganz woanders, kommen gerade aus einem anstrengenden Meeting mit schlechten Nachrichten, Sie haben noch nicht gefrühstückt und spüren den Abgabedruck von zig Konzepten und Projekten.

Was müsste nun Ihr Mitarbeiter sagen, damit er Sie in Sekundenschnelle packt? Lesen Sie sich beide Einstiege durch und überlegen Sie für sich, welcher der beiden Einstiege es besser schafft:

Einstieg 1: *Oh, Herr Maier, ich habe da ein Problem, ich muss kurz mit Ihnen reden. Die Entwicklungsabteilung hat mir schon wieder nicht rechtzeitig die Zeichnungen der neuen PD4 und die Änderungen in der FXP-Datei zugeschickt – das klappt nie bis Mittwoch. Dann hat auch noch der Kunde angerufen und wollte, dass wir beim X56 noch weitere CVPs einbauen. Dann wollte ich den Termin verschieben und habe mit dem Vertrieb telefoniert, da ist der Vertriebsleiter noch in Frankreich im Urlaub, und sein Stellvertreter konnte oder wollte den Termin eigenhändig nicht verschieben. Ich muss noch die Änderungen einbauen, weil der Kunde sie haben möchte. Dann wollte ich selbst den Termin verschieben, aber auf Kundenseite war auch keine Flexibilität möglich. Ich schaffe es nicht, die Änderungen bis Mittwoch zum Präsentationstermin fertig zu haben.*

Einstieg 2: *Guten Tag, Herr Maier. Gut, dass ich Sie treffe. Es geht um den Kunden Alpha. Der Kunde möchte unbedingt die Änderungen bis Mittwoch fertig haben. Die Entwicklungsabteilung kann die Änderungen erst morgen fertigstellen. Sowohl der Kunde als auch unser Vertrieb können den Termin nicht verschieben. Der Präsentationstermin ist in Gefahr und somit der Auftrag (Pause). Die Frage ist nun, wie können Sie Ihren Präsentationstermin sicher halten und den Kunden gleichzeitig mit den neuesten Änderungen begeistern und gewinnen? (Pause) Am einfachsten schaffen wir das, wenn ich ab jetzt nur noch an Ihrer Präsentation arbeite und Herr Steffen mir zuarbeitet. Das hätte folgende drei Vorteile: 1 ... 2 ... 3 ... (Argumentation und Abschluss).*

Lassen Sie uns nun die Unterschiede der beiden Einstiege analysieren:

Einstieg 1	Einstieg 2
setzt am eigenen Problem des Mitarbeiters an. (Er wird mit seiner Zuarbeit nicht fertig.)	setzt an Ihrem Problem an. (Sie können beim Kunden nicht perfekt auftreten/Ihr Termin/Ihr Auftrag ist in Gefahr.)
ist problemorientiert. (»Ich habe ein Problem ... schaffe es nicht ... hat schon wieder nicht ...«)	ist lösungsorientiert. (»Die Frage ist nun, wie können Sie ... Mein Vorschlag ist ...«)
spricht aus der Perspektive eines Bittstellers. (»Ich brauche x.«)	spricht aus der Perspektive eines Problemlösers. (»Um Ihr Problem y zu lösen, ist mein Vorschlag x.«)
ist linear und ungegliedert. Der Sender zählt die Dinge in der Reihenfolge auf, in der sie ihm passiert sind. Alle unwichtigen Details werden gleichrangig neben wichtige Informationen gestellt.	ist hierarchisch gegliedert. Die Details des Alltags werden in drei Gruppen der gleichen Kategorie zusammengefasst (Kunde, Entwicklung, Vertrieb), unwichtige Details werden ausgeblendet oder an einer späteren Stelle im Gespräch nachgereicht.
ist langweilig (aneinandergereihte Behauptungen, viel zu viele Behauptungen, lineare Erzählweise »und dann ... und dann ...«, viele unnötige Details).	ist spannend (Spannungsbogen mit Fragen, Pausen, Kontrasttechnik: »Die Frage ist nun ... Mein Vorschlag ist ...«, »Termin in Gefahr ... Termin halten«, »Auftrag in Gefahr ... Kunden begeistern«, »Kunden gewinnen«.)
ist verwirrend und schwammig. Der Empfänger rätselt, was er denn genau tun soll. Der Sender kommt erst ganz zum Schluss auf den Punkt und bis dahin fragt sich der Empfänger permanent: Um was geht es hier? Was soll ich tun? Er hört genervt zu, kann die Aussagen nicht logisch zuordnen.	ist klar, transparent und kommt auf den Punkt. Sagt dem Empfänger gleich, um was es geht, wo das Problem ist und wie die Lösung aussehen kann. Beantwortet Schritt für Schritt die impliziten Fragen des Empfängers. Er sagt dem Gegenüber ganz klar, wie die Lösung des Problems aussieht.
ist monologisch, der Sprecher sieht nur sich und spricht ohne Punkt und Komma in einem langen Bandwurmsatz.	ist dialogisch. Der Sprecher bezieht den anderen ein über Fragetechnik, gibt ihm über kurze Sätze und in den Sprechpausen die Möglichkeit, selbst das Wort zu ergreifen und einen Dialog zu starten.

Einstieg 1	Einstieg 2
hat null Nutzensargumente für den Empfänger und somit null Motivation.	hat gleich sieben Nutzensargumente: zwei negative Konsequenzargumente (*»Präsentationstermin in Gefahr«*, *»Auftrag in Gefahr«*) und fünf positive (*»sicher«*, *»den Termin halten«*, *»den Kunden gewinnen«*, *»Kunden begeistern«*, *»am einfachsten«*), und das bedeutet Turbo-Motivation.
nennt (zu) früh das Problem und zu spät das Ziel als Forderung/Bitte. Das löst automatisch Widerstand aus, denn Druck erzeugt auch in der menschlichen Psyche Gegendruck.	holt Sie langsam zu seinem Ziel ab und präsentiert das Ziel nicht als Forderung/Bitte, sondern als Lösung Ihres Problems.

Reaktion auf Einstieg 1	Reaktion auf Einstieg 2
verleitet zu Widerstand und einem schroffen *»Nein, das geht nicht. Sie wissen ja, wir sind gerade unterbesetzt. Da sind mir aber wirklich die Hände gebunden. Lernen Sie doch einfach, besser Prioritäten zu setzen und machen Sie denen von der Forschung mal Dampf unterm Hintern! Da müssen Sie sich auch mal durchsetzen!«*	verleitet zu Zustimmung durch die vielen innerlichen kleinen »Jas« (Ja, es gibt einen Kunden Alpha; Ja, es gibt die Forderung; Ja, es gibt den Termin ...), sodass es Ihnen nach dieser inneren Ja-Straße nun psychologisch leichter fallen wird, das große »Ja« zu sagen: *»Selbstverständlich bekommen Sie Herrn Steffen, das hat höchste Priorität, dass wir den Kunden gewinnen. Ich werde sofort mit Ihren Kollegen sprechen, dass sie Ihre anderen Projekte übernehmen und dann mit der Entwicklungsabteilung telefonieren und denen Feuer machen! Danke, dass Sie mich rechtzeitig darauf aufmerksam gemacht haben!«*

Würden wir aber den Sender aus Beispiel 1 fragen, was gerade eben passiert ist, so würde er antworten: *»Bei uns herrscht das reinste Chaos! Wir haben zu wenige Leute! Der Kunde ist König und setzt uns permanent unter Druck! Wenn ich Unterstützung benötige, bekomme ich sie nie! Ich jongliere ständig mit zu wenigen Ressourcen und arbeite für zwei, aber mein Chef nimmt das nicht mal wahr! Mein Chef behandelt mich mies!*

Der hat nur seine Ziele im Kopf, mit was für Problemen wir uns rumschlagen, da hat der keine Ahnung! Mein Job ist der reinste Horror! Ich muss immer alles alleine machen!«

Würden wir den Sender aus Beispiel 2 fragen, was gerade eben passiert ist, so würde er antworten: *»Mein Chef unterstützt mich und schätzt mich. Wenn ich etwas benötige, bekomme ich es auch. Meine Leistung wird wahrgenommen und wertgeschätzt! Ich arbeite gerne und mein Job macht mir Spaß. Meine Kollegen und ich ergänzen uns und helfen uns. Wenn Not am Mann ist, haben wir Verständnis und springen füreinander ein!«*

Wie man als Sender in den Wald hineinruft, so hallt es nun mal vom Empfänger zurück. So wenig Text, so wenig inhaltliche Unterschiede – und trotzdem ein so gewaltiger Unterschied in der Wirkung. Sender 2 hat gelernt, logisch, strukturiert und wirkungsvoll zu kommunizieren. Sender 1 kommuniziert weitgehend unbewusst und unstrukturiert. Er tappt – wie Sie gleich sehen werden – in fast jede Kommunikationsfalle, ohne es auch nur zu ahnen.

Schwammig, schwafelig, weitschweifig

Alle Menschen lieben kurze knackige Beiträge als Empfänger. In dem Moment, in dem dieselben Menschen Sender werden, vergessen sie alles, was sie je über prägnante Kommunikation gehört haben, und reden sich um Kopf und Kragen. Schwammig, schwafelig, weitschweifig wird's statt kurz, knackig und präzise.

Warum ist das so? Die Antwort wird Sie trösten. Der Grund sind immanente Kommunikationsfallen, in die wir alle unbewusst hineintappen. Sie zu kennen hilft, sie zu vermeiden. Ich möchten Ihnen in diesem Kapitel die sechs größten Fallen vorstellen. Doch zuvor möchte ich Sie einladen, über Ihr eigenes Verhalten nachzudenken und den eigenen Stolpersteinen auf die Schliche zu kommen.

Test: Meine Kommunikationsfallen

Lesen Sie sich die nachfolgenden Beschreibungen durch und kreuzen Sie alle Beschreibungen an, die auf Sie zutreffen.

1. Ich bin oft enttäuscht, weil ich trotz guter Argumente nicht genug Mittel erhalte, um meine Arbeit effektiv zu erledigen. O

2. Obwohl ich ein klasse Produkt habe, kauft es niemand. O

3. Ich arbeite hart und zielstrebig – aber keiner nimmt es wahr. Nicht mal mein Chef sieht, was ich alles leiste. O

4. Ich werde oft mit Einwänden konfrontiert: »Das ist zu teuer«, »Das ist zu kompliziert« oder Ähnliches. O

5. In ein Meeting gehe ich meist taktisch unvorbereitet und werde oft überrumpelt vom Treiben der dominanten »Alpha-Männchen«. O

6. Wenn ich eine Präsentation halten soll, dann öffne ich als Erstes PowerPoint. O

7. Ich habe das Gefühl, meine Vorgesetzten interessieren sich nicht für meine Probleme. O

8. Ich brenne leidenschaftlich für mein Thema und wundere mich, warum ich die anderen nicht entzünden kann. O

9. Ich habe so viel zu tun – da habe ich nicht auch noch Zeit, meine Arbeit zu präsentieren. O

10. Wir sind ein herausragendes Unternehmen – trotzdem kann ich meine Kunden nicht »packen«. O

11. Ich bin kreativ und ideenreich – erreiche aber meine Ziele bei Zahlenmenschen und Controller-Typen eher selten. O

12. Meine gezeigten Charts benutze ich als Manuskript und Stütze meiner Gedanken. O

13. Entscheidungen werden immer wieder vertagt oder ich werde vertröstet. O

14. Mein Thema ist sehr komplex und erfordert viele Fachtermine und technische Details, deshalb können viele meinen Ausführungen nicht wirklich gut folgen. ○

15. Befördert werden immer die anderen, obwohl ich die ganze »Drecksarbeit« mache. ○

16. Manchmal werde ich auch persönlich angriffen, wenn ich meine Position darlege. Oft entspannt sich ein Stellungskrieg mit unvereinbaren Positionen. Wer die Macht hat, hat das Sagen, erlebe ich dann immer wieder. ○

17. Mein Ziel fixiere ich nie schriftlich, deshalb verliere ich es im Eifer des Gefechts aus den Augen und bin frustriert, wenn ich mit mageren Ergebnissen zurückkomme. ○

18. Wenn ich meine Charts gezeigt habe, sind meine Zuhörer eher lethargisch als motiviert, in meinem Sinne zu entscheiden. ○

19. Meine Vorgesetzten haben keine Ahnung, mit welchen Problemen wir zu kämpfen haben – sie kümmern sich nur um Ihre Ziele, Zahlen und Karrieren. ○

20. Verkaufen und Verpacken lehne ich innerlich ab und ärgere mich aber, wenn ich mal wieder wegen einem Schwätzer und Blender den Kürzeren ziehe. ○

21. Ich habe keine Zeit, mir über das wesentliche Gedanken zu machen. Oft bin ich so zugeschüttet mit Arbeit, dass ich nicht mal mehr weiß, welche Ziele und Wünsche ich habe. ○

22. Mein Chef wirft mir vor, zu wenig »Emotionen« zu wecken! Ich aber finde Gefühle, Geschichten, Bilder gehören auf die Bühne und nicht ins Business. Ich argumentiere lieber mit nüchternen Daten und Fakten. ○

23. Meine Zuhörer schalten ab, weil ich zu oft von einem Thema zum anderen springe, da ich so viele Ideen auf einmal habe. ○

24. Auf meiner Festplatte finden sich unzählige PowerPoint-Präsentationen in unübersichtlichen Versionen. Meine Charts sind hauptsächlich sogenannte »Bullet-Charts« – also Satzfragmente mit Spiegelstrichen. ○

Auflösung: Meine Kommunikationsfallen

Umkreisen Sie die Buchstaben unter den Zahlen, die Sie in der oberen Liste angekreuzt haben:

1	2	3	4	5	6	7	8	9	10	11	12
A	B	C	D	E	F	A	B	C	D	E	F

13	14	15	16	17	18	19	20	21	22	23	24
A	B	C	D	E	F	A	B	C	D	E	F

Zählen Sie nun alle umrandeten Buchstaben.

Anzahl: _____

0 bis 8 Umrandungen:

Herzlichen Glückwunsch. Ihre Kommunikation ist schon sehr zielgerichtet und präzise. Sie haben erkannt, wie wichtig Kommunikation ist, und beschäftigen sich schon lange mit dem Thema. Wahrscheinlich sind Sie Kommunikations-Profi und suchen hier nach weiteren guten Anregungen, um Ihre Kommunikation noch mehr zu verfeinern und zu präzisieren. Sie profitieren am meisten von der in diesem Buch vorgestellten Methode, dem Limbischen Kommunikationsmodell, Rhetorik und Gehirnforschung zu verknüpfen, um einerseits präziser und anderseits noch motivierender zu argumentieren.

8 bis 16 Umrandungen:

Sie wissen, wie wichtig eine prägnante Kommunikation ist – aber Sie wissen noch nicht, WIE genau man wirklich erfolgreich argumentiert. Ab und zu verzetteln Sie sich oder liegen mit Ihren Argumenten daneben. Sie haben noch kein wirkliches System gefunden, Ihre Gedanken und Materialien systematisch zu ordnen, um mit hoher Präzision treffsichere Argumente zu generieren. Sie profitieren am meisten von den in diesem Buch vorgestellten Techniken, die Ihnen helfen werden, Ihre Erfolge zu planen und jederzeit und immer reproduzierbar zu machen.

16 bis 24 Umrandungen:

Herzlichen Glückwunsch auch Ihnen – und zwar dazu, dass Sie sich die Zeit nehmen, dieses Buch zu lesen. Sie ahnen, dass Kommunikation wichtig ist – sind aber noch sehr mit sich, Ihren Inhalten und Power-Point beschäftigt. Sie profitieren am meisten von den theoretischen Erläuterungen und sich selbst reflektierenden Passagen, die Ihnen zeigen, wie Kommunikation wirklich funktioniert und welches Ihr unbewusster Kommunikationsstil ist. Wenn sie verstehen, was Menschen brauchen, um ihre Meinung in Ihrem Sinne zu ändern, dann werden Sie nach und nach Ihr kommunikatives Repertoire in diese Richtung ausrichten und erweitern.

Zählen sie nun, wie oft Sie die einzelnen Buchstaben angekreuzt haben:

A	_____	D	_____
B	_____	E	_____
C	_____	F	_____

Lesen Sie sich nun die Beschreibungen Ihrer dominanten Kommunikationsfalle beziehungsweise Ihrer Fallen durch, sollten Sie mehrere Buchstaben öfter angekreuzt haben.

A. Die Problemfalle

Die Problemfalle. Bittsteller statt Problemlöser. Bildquelle: tumpikuja (iStockphoto)

Die Problemfalle entsteht dadurch, dass der Sender unter Druck steht und sein Problem lösen möchte. Dadurch spricht er stark problemorientiert und ichzentriert. Er rutscht in die Kind-Opfer-Rolle und macht seinen Gesprächspartner zum Papa-Retter. Seine Sätze fangen an mit »Ich habe ein Problem ... ich brauche dringend x ...« und enden mit »... und deshalb gib mir x!« Geschäftsleiter oder Vorgesetzte hören nur das »Jammern« und reagieren innerlich genervt. Das Fatale: Die oft sehr guten Lösungen klingen nicht wie die rettende Idee für das Problem des Gegenübers, sondern wie ein Schuldgeständnis oder eine verschwenderische Forderung. Die Konsequenz: Der Problemorientierte bekommt nicht, was er braucht, um sein Problem zu lösen, und er fühlt sich von seinen Vorgesetzten im Stich gelassen. Die wiederum erleben ihn als Problemverursacher und nicht als Problemlöser und übersehen ihn bei der Besetzung von verantwortungsvollen Positionen.

Tipps für Ihre Kommunikation: Wenn Sie ab und zu in die Problem-falle tappen, dann machen Sie sich bewusst, dass Menschen nur das überzeugt, was Ihnen einen Vorteil bringt. Formulieren Sie sogenannte Nutzensargumente. Diese beginnen nicht mit den Worten »weil ich x brauche ...« sondern mit »damit Sie y bekommen«. Und y muss etwas sein, was für Ihr Gegenüber wertvoll und wichtig ist – während x etwas ist, was Ihnen wichtig ist.

Verkaufen Sie Ihre Forderung als Rettung (y) und nicht als Bitte (x). Lesen Sie mehr hierzu in Kapitel 3 und 4.

1. Ad-hoc-Prinzip: Bieten Sie Ihrem Gegenüber Nutzen und Mehrwert.
Überzeugen bedeutet, das eigene Anliegen (x) mit dem Nutzen (y) für Ihre Gesprächspartner zu verknüpfen. Menschliche Gehirne filtern nur die Botschaf-ten, die für sie von Nutzen sind (also nur y, kein x).

Nutzen Sie folgende Verknüpfungen:
- »Damit Sie mehr y ... sollten wir x« (Vorteilsargumente, »Himmel«)
- »Wenn nicht x, dann sinkt y« (Konsequenzargumente, »Hölle«)

B. Die Expertenfalle

Die Expertenfalle. Vom Hölzchen aufs Stöckchen. Bildquelle: selimaksan (iStockphoto)

Experten sind Menschen mit unglaublich viel Fachwissen. Meistens brennen sie auch leidenschaftlich für ihr Fachthema. Je mehr Fachwissen, umso weniger Rhetorikwissen, das ist eine immer wieder zu beobachtende Korrelation. Der Experte sieht dadurch den Wald vor lauter Bäumen nicht. Jedes Detail ist ihm wichtig, jede Nuance erwähnenswert. Seine Ansprachen sind gespickt mit Fachtermini, technischen Details und Abkürzungen, die keiner kennt. Ein typischer Satz könnte lauten: »Und dann wird der MSG von 33°C und einem Gewicht von 2.16 kg, bestehend aus 18 cm³/10 Polycarbonat (VST/B 120), auf 182°C erhitzt.« Fachidiot schlägt Kunde tot – heißt es dann im Verkauf oder bei einer Präsentation vor wichtigen Entscheidern. Unbewusst lehnt der

Experte Themen wie »Verkaufen« und »Verpacken« innerlich ab – ärgert sich dann aber, wenn andere befördert werden oder den Zuschlag erhalten, die viel weniger wissen als er – sich aber besser verkaufen.

Sollten Sie ab und an in die Expertenfalle tappen, dann ist es für Sie ganz besonders wichtig, sich mit rhetorischen Prinzipien vertraut zu machen. Reduzieren Sie Ihre hervorragenden Inhalte auf drei bis vier Kernbotschaften, die für Ihr Publikum (nicht für Sie!) relevant und interessant sind. Verpacken Sie dann die wenigen Inhalte anschaulich, einleuchtend, griffig. Wenn Sie nicht vor Fachpublikum sprechen, dann reden Sie so, als ob sie mit einem klugen und aufgeweckten zwölfjährigen Kind reden würden. Lesen Sie mehr hierzu im Kapitel 5.

2. Ad-hoc-Prinzip: Machen Sie wenige, aber relevante Aussagen evident. Eine **KOMPAKT** packende Botschaft besteht aus zwei Elementen: aus einer Aussage (Ihrem Inhalt) und aus sinnlichen Evidenzmitteln (rhetorischen Mitteln). Diese machen den Inhalt anschaulich, einleuchtend, griffig und glaubwürdig. Eine packende Botschaft besteht zu 70 Prozent aus Evidenzmitteln (Bildern, Metaphern, Analogien, Beispielen, Geschichten, Interaktionen, Grafiken ...) und nur zu 30 Prozent aus Aussagen (nüchterne Zahlen, Daten, Fakten).

C. Die Fleißfalle

Die Fleißfalle. Viel Arbeit, wenig Strategie. Bildquelle: RapidEye (iStockphoto)

Fleißige Menschen haben ein Problem. Sie sind so gefangen im Hamsterrad des alltäglichen Wahnsinns, sodass sie das Wesentliche aus den Augen verlieren. Oft verlieren sie vor lauter Arbeit den Kontakt zu ihren Werten, Gefühlen und Bedürfnissen, sodass ihnen dann in der Diskussion ihre innere Gewissheit abhandenkommt (»Da möchte ich hin! Das will ich haben! Das ist der richtige Weg für uns!«). Dadurch wirken sie zögerlich, und sie geben bei Widerstand und Gegenwind zu schnell auf oder fangen erst gar nicht an, zu argumentieren. Vor lauter Arbeit kommen sie oft gar nicht dazu, die hervorragenden Ergebnisse ihrer Arbeit selbstbewusst zu präsentieren. Das führt dazu, dass sie oft übergangen und überhört werden. Wenn fleißige Menschen vor wichtigen Runden präsentieren, dann zeigen sie meist in ihrer Präsentation alles, was sie gemacht haben. »Und dann haben wir das gemacht. Dann haben wir das gemacht ...«, so beginnen ihre Sätze. Der gesamten Präsentation fehlt die strategische Ausrichtung. Keinem der Teilnehmer ist klar, was er nach dieser Präsentation tun soll und was der Präsentator eigentlich vermitteln wollte. Das führt dazu, dass fleißige Menschen oft ohne Ergebnis das Meeting verlassen. Entscheidungen werden immer wieder vertagt oder versanden ganz.

Weniger kann manchmal mehr sein, und ein wenig Strategie kann nicht schaden. Diese beiden Empfehlungen könnten Sie noch effektiver und vor allem zufriedener machen, sollten Sie ab und an in die Fleißfalle tappen. Wie das geht, zeigen Ihnen die Kapitel 2, 3 und 9.

3. Ad-hoc-Prinzip: Nutzen Sie das Prinzip der Pyramide. Überzeugende Kommunikation ist logisch (pyramidal) und nicht linear (aufzählend). Sie verfolgt ein einziges klares Ziel, hat einen logischen roten Faden und eine definierte Struktur. Alles, was dem Ziel nicht dient, kann weggelassen werden.

KOMPAKT

D. Die Egofalle

Die Egofalle. Ich-Perspektive statt Für-Sie-Perspektive.
Bildquelle: drbimages (iStockphoto)

Die Egofalle ist eine der häufigsten Kommunikationsfallen. Der Sender benutzt die Argumente, die ihn selbst überzeugen, die Worte, die ihm gefallen, die Aspekte, die für ihn selbst wichtig sind. Dabei haben seine Zuhörer vielleicht ganz andere Werte, Vorlieben oder Kommunikationsstile. Diejenigen, die in die Egofalle tappen, tun dies nicht bewusst. Sie ahnen oft gar nicht, dass Menschen unterschiedliche »Überzeugungsprogramme« im Gehirn haben und folglich unterschiedliche Überzeugungsmittel benötigen. Ihre Sätze fangen bevorzugt mit »Ich« oder »Wir« an: »Wir sind bewährt. Wir haben 120 Standorte. Unsere Produkte haben eine hervorragende Qualität«. Diese Selbstbeweihräucherung interessiert die Teilnehmer jedoch wenig, sie bleiben reserviert und distanziert.

Der Ego-Präsentierende versteht oft nicht, warum er seine Teilnehmer nicht »zu packen bekommt« – obwohl er doch so ein tadelloses Unternehmen oder Produkt hat. Sein Problem: Er kann vor allem die Herzen der Menschen (ihr Wohlwollen, ihr Vertrauen, ihre Sympathie) nicht gewinnen und sie dadurch nicht mitreißen und bewegen. Commitment und Loyalität bleiben auf der Strecke.

Versetzen Sie sich in Ihr Gegenüber. Überlegen Sie, was für Ihr Publikum bedeutsam und wichtig ist. Übersetzen Sie Ihr Anliegen in die Sprache des anderen. Setzen Sie sich mit dem Limbischen Kommunikationsmodell auseinander, welches Ihnen die wichtigsten Entscheidertypen vorstellt und Ihnen zeigt, wie man ihre Köpfe und Herzen gewinnt. In Kapitel 4 stellen wir Ihnen hierfür das Limbische Kommunikationsmodell vor.

KOMPAKT

4. Ad-hoc-Prinzip: Senden Sie auf der Wellenlänge Ihres Gegenübers. Was den einen überzeugt, stößt den anderen ab. Was den einen belohnt, bestraft den anderen. Der Grund sind unterschiedliche Belohnungsprogramme in unserem Gehirn. Sie zu kennen, kann Ihnen helfen, Überzeugungsmittel nicht mehr wahllos (selbstbelohnend), sondern sauber abgestimmt auf Ihr Gegenüber auszuwählen.

E. Die Spontanfalle

Die Spontanfalle. Ohne Plan um Kopf und Kragen reden. Bildquelle: laflor (iStockphoto)

Menschen, die in die Spontanfalle tappen, sind meist ideenreich und kreativ. Sie wissen: »Irgendetwas wird mir schon einfallen«. Aber erfolgreiche Kommunikation lebt nicht von »irgendetwas, irgendwie«, sondern ist ein geplantes, strukturiertes und strategisches Geschehen. Oft sagen spontane Menschen das, was ihnen gerade einfällt. Dadurch wirken sie vor allem auf Machtmenschen, auf Zahlenmenschen und Controllertypen naiv und chaotisch. Spontane Menschen, die das Herz auf der Zunge tragen, springen oft von einem Thema zum anderen. Es fehlt jegliche Struktur, und es gibt keinen erkennbaren roten Faden. Die Zuhörer schweifen ab oder steigen ganz aus.

Versöhnen Sie sich mit dem Thema Struktur und Vorbereitung. Sagen Sie sich in Meetings immer wieder das Mantra »Erst grübeln, dann dübeln!« oder »Mund zu! Mund zu!« auf. Lernen Sie zu schweigen. Schreiben Sie sich Ihre Ziele und Ihre drei Kernbotschaften schriftlich auf. Platzen Sie nicht sofort mit Ihren Ideen heraus. Wenn Sie im Meeting sind, agieren Sie auf zwei Ebenen: der inhaltlichen und der strukturellen. Übernehmen Sie auf der Ebene der Struktur die Initiative (machen Sie Vorschläge zur Tagesordnung, zur Organisation, stellen Sie Fragen, hören Sie zu). Auf der inhaltlichen Ebene outen Sie sich jedoch erst, wenn Sie genügend Informationen (Positionen, Werte, Ziele Ihrer Gesprächspartner) gesammelt haben. Mehr dazu in den Kapiteln 2, 3 und 4.

5. Ad-hoc-Prinzip: Verinnerlichen Sie Redestrukturen und bereiten Sie sich schriftlich vor. Ad hoc präsentieren heißt nicht, sein Herz auf der Zunge zu tragen. Ad hoc präsentieren heißt, wirkungsvolle Strukturen verinnerlicht zu haben, die Sie immer und überall abrufen können. Ad hoc präsentieren heißt, sich in wenigen Minuten und mit System erfolgreich vorzubereiten. Mit diesem Buch legen Sie den Grundstein, wichtig ist es jedoch, dranzubleiben und die vorgestellten Strukturen immer wieder anzuwenden und zu trainieren, bis sie in Fleisch und Blut übergegangen sind. Das ist das Geheimnis der »lässigen« Kommunikationsprofis, die scheinbar mühelos, jederzeit und immer souverän auftreten.

KOMPAKT

F. Die PowerPoint-Falle

Die PowerPoint-Falle: Erschlagen mit Folienschlachten, Bleiwüsten und Wortmonstern.
Bildquelle: TadejZupancic (iStockphoto)

PowerPoint ist ein Medium, welches uns durch seine immanente se-
quenziell-lineare Struktur zu einer Aufzählungspräsentation verführt.
Spiegelstrich um Spiegelstrich werden Produktmerkmale, Zahlen, Daten,
Fakten, Vorteile in Satzfragmenten aufgezählt. Diese liest ein (meist un-
vorbereiteter, monotoner) Presenter ab und kehrt dabei dem Publikum
seinen »sprechenden« Rücken zu. Er nutzt die Charts als Manuskript und
Stütze seiner Gedanken. Wie es dem Publikum geht, kümmert den Power-
Pointler nicht, denn er sieht es ja nicht. Das Publikum muss sich anhö-
ren, was es schon längst auf der Folie gelesen hat. Eine öde, langweilige
PowerPoint-Schlacht ermüdet und erschlägt die Zuhörer. Flipchart und
Whiteboard verkümmern in einer Ecke. Das Resultat einer PowerPoint-
Orgie: Death by PowerPoint. Statt motiviert und begeistert sich für das
Ziel zu entscheiden, verläuft die Veranstaltung lethargisch im Sand.

PowerPoint ist nur eine Möglichkeit, Ihre Botschaften zu transportieren. Zeichnen Sie Ihre Idee auch live auf ein Flipchart, Whiteboard oder auf einen »Bierdeckel«. Nutzen Sie PowerPoint nicht, um Aussagen aufzuzählen (Text), sondern um Ihre Aussagen evident – also glaubwürdig und einleuchtend – zu machen (Bilder). Mehr dazu in Kapitel 7. Hier stellen wir Ihnen unser Konzept New PowerPoint vor und zeigen Ihnen, wie Sie außerdem mit Flipchart, iPad & Co beeindrucken.

6. Ad-hoc-Prinzip: Nutzen Sie verschiedene Medien und New PowerPoint. Bullet-Charts und PowerPoint-Schlachten sind Wirkungsvernichter. Wenn Sie PowerPoint nutzen, dann bildhaft und nicht textlastig. Bauen Sie Ihre Präsentation mit dem pyramidalen Prinzip auf und übertragen Sie es entlang der Storyline in PowerPoint.

KOMPAKT

Wir haben bisher die gefährlichsten Kommunikationsfallen bewusst wahrgenommen, die wichtigsten Überzeugungs-Prinzipien kennengelernt und gesehen, was gute Präsentationen gemeinsam haben. Nun wenden wir uns den Ad-hoc-Tools zu, die Sie verinnerlichen werden, damit Sie sie in stressigen Situationen vor wichtigen Entscheidern immer abrufen können. In den folgenden Kapiteln stellen wir Ihnen zuerst die Ad-hoc-Struktur schlechthin vor: die Pyramide. Dann zeigen wir Ihnen, wie Sie sie mit empfängerrelevanten Inhalten füllen, und Sie lernen das Limbische Kommunikationsmodell kennen. Sie werden rhetorische Verstärker anwenden lernen, die Ihrer Botschaft mehr Gewicht und Durchschlagskraft verleihen. Max Ott zeigt Ihnen, wie Sie Medien beeindruckend nutzen können und Walburga Buechler zeigt Ihnen, wie Sie auch als »untalentierter« Zeichner mit wenigen Strichen einprägsam, ad hoc mit freier Hand Ihre Ideen am Flipchart visualisieren können. Zum Schluss lernen Sie, sich gegen Widerstand zu wappnen und

Einwände sogar zu nutzen, um noch schneller zu Ihrem Ziel zu kommen. Doch beginnen wir mit dem Wichtigsten: mit Ihrem Ziel.

Kraftvoll präsentieren. Haben Sie ein klares Ziel

Finden Sie belohnende Ziele

Menschen ohne Ziel wirken planlos, schwach und wenig überzeugend. »Wenn nicht einmal Sie wissen, was Sie wollen, warum sollen wir Ihnen dann folgen?« fragen wir uns unbewusst. Angenommen, Sie sind mit einer Gruppe im Urwald und Sie verlaufen sich. Nun sagt einer zögerlich: »Ähm, ich glaube, wir könnten eventuell hier lang laufen, vielleicht ist das ja der richtige Weg« und ein anderer sagt mit fester Stimme und klarem Blick »Folgt mir, das ist der richtige Weg!« Wem folgen Sie?

Klare Ziele machen Sie überzeugungsstark, weil sie eine motivierende Wirkung haben. Ihre Zuhörer spüren diese Energie und leiten unbewusst die Richtigkeit des Weges daraus ab. Wer hinter seinem Ziel steht, braucht viel weniger – manchmal sogar keine – Argumente und überzeugt in viel kürzerer Zeit. Selbstbewusst verkünden statt etwas langatmig zu begründen, ist manchmal der effektivere Weg.

Fragen Sie sich also: »Was möchte ich wirklich erreichen?«

Je ehrlicher Sie diese Frage beantworten, umso mehr positive Antriebsbotenstoffe schüttet Ihr Körper aus und stimmt sie optimal auf die Herausforderung ein. Sie werden als Mensch mit positiver Energie wahrgenommen, der weiß, was er will, und andere mitnehmen und begeistern kann. Ihr Ziel sollte voll und ganz auf Ihre Persönlichkeit, Ihre Wünsche, Ihre Stärken zugeschnitten sein. Es sollte, in der Sprache der Neurorhetorik, ganz auf Ihr eigenes Antriebs- und Belohnungssystem einzahlen. Denn nur für belohnende Ziele lohnt es sich, rhetorisch zu kämpfen. Ihre Augen sollten leuchten, wenn Sie an das Ziel denken.

Somit sind Sie authentisch und werden als ehrlicher und sympathischer Mensch wahrgenommen.

Beispiel: *»Ich überzeuge meinen Vorgesetzten und das Team von meiner Idee, diesen Kunden zu gewinnen! Meine Idee: Neue Wege gehen. Statt langweiliger PowerPoint-Präsentationen beim Kunden laden wir den Kunden ins Headquarter zu einer spannenden und faszinierenden Stationen-Präsentation ein«.*

Setzen Sie sich lieber wenige, dafür große Ziele. Kämpfen Sie nicht um kümmerliche Krümel, sondern nur um stattliche Stücke. Vergeuden Sie keine Energie in sinnlosen, unvorbereiteten Diskussionen mit Nicht-Entscheidern. Lernen Sie, strategisch zu »verlieren«, und geben Sie großzügig nach in Punkten, die Ihnen nicht so wichtig sind. Wenn Ihnen etwas wichtig ist, fällt es den anderen nun viel leichter, Ihnen entgegenzukommen. Dieses Vorgehen macht sympathisch, und Sympathie ist einer der weiteren Turbos im Überzeugungsprozess.

Formulieren Sie kraftvolle Tun-Ziele

Es ist sehr nützlich für den Erfolg einer Präsentation, die Zielformulierung so vorzunehmen, als ob man bereits am Schluss der Präsentation angelangt wäre. Welche Ergebnisse sollen mit dieser Präsentation erreicht werden? Welche Veränderung im Denken oder Handeln der Zuhörer soll erreicht werden?

Eine unklare oder fehlende Zielformulierung ist der Hauptgrund für das Scheitern einer Argumentation.

Falsche Zielformulierung (schwammig):

»Es geht um den Status im Projekt Anwender-App«

»Vorstellung des Marketingplanes«

Es ist zu wenig, nur das Thema Ihrer Präsentation zu nennen. Das Problem dabei ist, dass Ihre Teilnehmer nach Ihrer Präsentation nicht wissen, was sie denn tun sollen. Sie hören Ihnen zwar zu, nicken, aber es wird danach nichts passieren. Entscheidungen werden vertagt oder versanden ganz. Deshalb werden alle guten Ziele vom Ende her geplant.

Fragen Sie sich, was sollen Ihre Zuhörer konkret nach Ihrer Präsentation tun. Lassen Sie sich dabei von der folgenden Tun-Verben-Liste inspirieren: *genehmigen, kaufen, zustimmen, freigeben, motiviert damit arbeiten, es anfordern, umsetzen, bewilligen, in die Wege leiten, von Ihnen und Ihrer Leistung begeistert sein, Sie befördern, Ihnen mehr Geld geben, bestellen, buchen, einladen, einen Termin geben, Ihnen die Visitenkarte geben, ein Budget bereitstellen, ein Projekt beginnen, eine Arbeit erledigen, das Konzept anwenden ...*

Wenn Sie sich also das nächste Mal fragen, was die Zuhörer nach Ihrer Präsentation tun sollen, dann ist die richtige Zielformulierung (konkret, erbenisorientiert, handlungsorientiert) mit Tun-Verben:

- *»Nach dem Gespräch mit meinem Chef **genehmigt** er mir einen Mitarbeiter mehr für die Programmierung der App.«*
- *»Nach dieser Präsentation **stimmen** meine Gesprächspartner dem Marketingplan zu.«*
- *»Nach diesem Meeting **setzt** das ganze Vertriebsteam das Konzept der Online-Kunden-Akademie motiviert um.«*

Ziele sollten möglichst konkret sein, ein aktives TUN-Verb besitzen und mit dem Wörtchen »nach« beginnen. Fassen Sie Ihr Ziel in einem vollständigen Satz zusammen. Das Subjekt des Zielsatzes sind Ihre ganz konkreten Teilnehmer oder Gesprächspartner.

Es steht immer eine Handlung im Mittelpunkt eines klaren Zieles. Bildquelle: Max Ott

Setzen Sie sich immer ein Maximalziel, aber übertreiben Sie nicht. Sie selbst sollten an Ihr Maximalziel glauben, sonst übertragen Sie mit Ihrer Körpersprache keine Glaubwürdigkeit und Ihre Gesprächspartner werden misstrauisch. Gehen Sie aber auch nicht zu bescheiden vor. Denken Sie bitte nicht schon im Vorfeld »Das bekomme ich ja sowieso nicht! Das geht nicht!« Wenn das wirklich der Fall sein sollte, dann müssten Sie sowieso Ihre Strategie ändern und an der Stelle kämpfen, an der es sich lohnt.

Wenn Sie nun ganz genau wissen, was Sie eigentlich erreichen wollen und was Ihre Teilnehmer nach der Präsentation tun sollen, dann haben Sie 80 Prozent der Vorbereitung auf Ihre Ad-hoc-Präsentation hinter sich. Denn nichts ist wichtiger als das klare, durchdachte Ziel. Es motiviert Sie, es treibt Sie an, es gibt Ihnen Kraft. Es ist Ihr Fixpunkt im Dickicht der Worte und Argumente, im Kampf um Positionen und Interessen. Es leuchtet Ihnen den Weg und zeigt Ihnen die Richtung. Menschen mit Ziel sind immer stärker als Menschen ohne Ziel. Wer weiß, was er wirklich will, bekommt es meistens auch.

Wenn Sie nur eine Minute Zeit haben, um sich vorzubereiten, dann klären Sie innerlich Ihr Ziel. Stellen Sie sich bildhaft vor, was Ihre Teilnehmer tun werden. Sprechen Sie Ihr Ziel innerlich in einem Satz aus. Malen Sie sich die Vorteile aus, die entstehen, wenn Sie Ihr Ziel erreichen. Machen Sie dieses Bild groß, bunt, leuchtend. Diese mentale Technik stimmt Sie optimal auf die Ad-hoc-Präsentation ein, auch wenn Sie ganz wenig Zeit haben. Sie aktiviert Ihr Antriebs- und Belohnungssystem. Dieses schüttet nun Dopamin aus, ein Antriebshormon, welches Sie perfekt auf die Ad-hoc-Situation einstellt.

Seien Sie Problemlöser statt Bittsteller

In den folgenden Kapiteln werden wir die Argumentation so aufbauen, dass Sie nicht als Bittsteller, sondern als Problemlöser dastehen. Sie werden die Ad-hoc-Präsentations-Struktur kennenlernen, die strategisch darauf ausgerichtet ist, genau diese Transformation vorzunehmen. Sie formuliert Ihr Ziel (x) in eine Lösung für Ihr Gegenüber (y) um und nutzt dafür folgende Logik:

- *Damit Sie mehr y bekommen, genehmigen Sie x*
- *Damit y nicht sinkt, genehmigen Sie x*

Y muss etwas sein, was für Ihre Zuhörer sehr wichtig und wertvoll ist. Die große Gefahr ist, dass wir unbewusst für y etwas einsetzen, was uns wichtig und wertvoll ist. Darüber werden wir noch in den nächsten

Kapiteln sprechen, und ich werde Ihnen zeigen, wie man mittels der Gehirnforschung y sehr genau definieren kann. An dieser Stelle reicht es aus, dass Sie innerlich als Problemlöser und nicht als Problembesitzer die Bühne betreten. Denken Sie nicht »Ich will etwas«, denken Sie lieber »Ich kann den anderen etwas bieten. Sie bekommen etwas von mir!«

Zum Schluss dieses wichtigen Kapitels über Ziele noch eine interessante Anmerkung. Erinnern Sie sich noch an die Aufforderung: »Nun kommen Sie doch mal zum Punkt«? Nach diesem Kapitel wissen Sie nun genau, was der Punkt ist. Der Punkt ist Ihr Ziel als Lösung für Ihr Gegenüber formuliert. Sie sehen also, wie wichtig es ist, ein Ziel zu haben, denn ohne Ziel kein Punkt und ohne Punkt keine Präzision.

Formulieren Sie Ihr Ziel kraftvoll

Formulieren Sie nun Ihr Ziel und überprüfen/ergänzen Sie es mit der folgenden Checkliste:

Nach der Ad-hoc-Präsentation wird _____

folgendes **tun** _____

1.	Hat Ihr Ziel ein Tun-Verb?	○
2.	Ist es ergebnisorientiert formuliert (»Nach ...«)?	○
3.	Definiert ein Subjekt Ihre Zielgruppe ganz konkret?	○
4.	Können Sie es in einem Satz auf den Punkt bringen?	○
5.	Leuchten Ihre Augen, wenn Sie an die Zielerreichung denken?	○
6.	Ist das, was sie damit erreichen, eine Belohnung für Sie?	○
7.	Lohnt es sich, für dieses Ziel zu kämpfen (Krümel oder Kuchen)?	○
8.	Haben Sie den/die richtigen Ansprechpartner ausgewählt (Entscheider)?	○
9.	Kennen Sie Ihre realistische Maximalforderung?	○
10.	Haben Sie die mentale Technik angewendet, das Ergebnis der Zielerreichung bildhaft vor sich zu sehen, um sich zu motivieren?	○
11.	Haben Sie Ihr Ziel schriftlich formuliert?	○
12.	Definieren Sie sich als Problemlöser und nicht als Problembesitzer?	○

Überzeugend präsentieren. Nutzen Sie eine logische Struktur

Argumentieren Sie logisch statt linear

Wenn wir eine Argumentation vorbereiten, stehen wir meist vor einer Fülle von Material, Charts, Details, Informationen, Argumenten, Bildern. Was genau sollen wir mitnehmen? Wie ordnen wir diese Materialberge an, damit wir verstanden werden und überzeugen? Was ist wichtig, was ist unwichtig? Vor dieser Frage steht jeder, der eine Minuten-Präsentation halten möchte.

Ad hoc präsentieren bedeutet, innerhalb von Sekunden das Wichtige vom Unwichtigen zu unterscheiden.
Bildquelle: kemalbas (iStockphoto)

Die Aufmerksamkeit der Entscheider ist ein knappes Gut geworden. Information-Overload – Reizüberflutung durch Medien, Werbung, E-Mails, Telefone, Faxe, Mailbox, Besprechungen – und Präsentationen. Ihre

Botschaften konkurrieren mit den professionellen, präzisen und perfekten Botschaften aus Werbeagenturen und Marketingabteilungen. Sich im geräuschvollen Konzert der Botschaften durchzusetzen, ist schwer. Die Chance zu nutzen – darauf kommt es beim Ad-hoc-Präsentieren an. Jetzt ist es wichtig, sich die Aufmerksamkeit zu sichern, einleuchtend zu präsentieren, im Gedächtnis zu bleiben und somit das Denken und Handeln der Teilnehmer zu verändern.

Doch der beste Gedanke nützt Ihnen nur wenig, wenn andere Ihrer Argumentation nicht folgen können oder Ihnen nicht richtig zuhören. Gehen Sie im Geiste die letzten Präsentationen durch. Wie oft passiert es, dass Sie einer Präsentation nicht folgen können? Wie oft überlegen Sie im Geiste schon Gegenargumente auf die Argumente, die Sie hören? Wie oft schweifen Sie in Gedanken einfach ab? Das liegt daran, dass der Sender einerseits nicht empfängerorientiert, anderseits nicht logisch und strukturiert argumentiert. Schauen wir uns im Folgenden anhand einer Checkliste die wichtigsten Logik- und Strukturfehler an, die einem Sender unterlaufen können.

Checkliste: Wirkungskiller und Aufmerksamkeitszerstörer
- Zu viele Detailinformationen – die Zuhörer sind überfordert und schalten ab
- Beliebigkeit – Wichtiges wird gleichberechtigt neben Unwichtiges gestellt, Kernbotschaften gehen unter –, die Zuhörer erschöpfen sich auf der Suche nach Schlüsselargumenten und schalten ab
- Vom Hölzchen aufs Stöckchen – sich in Details und Lieblingsthemen verlieren –, die Zuhörer werden zermürbt und schalten ab

- Zu viele Argumente – unter vielen Argumenten ist immer ein falsches dabei (Antiwert) außerdem verpufft so auch die Wirkung der treffenden Argumente
- Lineare Erzählweise (»Und dann ... und dann ... und dann ...«) – der Zuhörer kann nichts mit der Alltagserfahrung anfangen, weiß nicht, was er tun soll, da kein klares Ziel erkennbar ist
- Zu lange Sätze und Beiträge – die Zuhörer können sich nicht so lange konzentrieren und schalten ab
- Um den heißen Brei reden – die Zuhörer rätseln und schalten ab
- Langweilig – keine Kontraste, keine Bilder, keine plakativen und griffigen Thesen –, die Zuhörer langweilen sich und schalten ab
- Zu viele Charts, zu viel Text auf den Charts – Publikum wird mit PowerPoint-Schlacht erschlagen oder döst mit glasigen Augen vor sich hin

Der Hauptfehler all dieser Strukturfehler ist die zeitlich-lineare und nicht hierarchisch-pyramidale Vorgehensweise. Schauen wir uns den Unterschied an:

So nicht: lineare Anordnung der Ideen

»Wir haben Folgendes festgestellt: Erstens ... zweitens ... drittens ... siebtens ... und deshalb empfehlen wir XY (Folgerung).«

Muster: »Es war einmal ...«-Aufzählung, Folgerung

Wird sehr oft in PowerPoint-Präsentationen angewendet,

geht Schritt für Schritt vor, ohne zentrale Botschaft zuerst zu nennen.

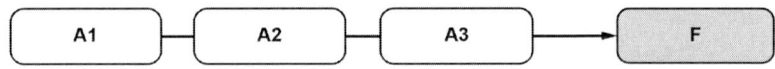

So nicht: zeitlich-lineare Anordnung der Ideen. Bildquelle: Max Ott

Nachteile:

- Zuhörer weiß nicht, worum es geht
- Muss alle Argumente im Kopf behalten
- Erst wenn er Empfehlung kennt, kann er Argumente prüfen
- Kann Schlüssigkeit der Argumentation nicht prüfen
- Ist überfordert, vor allem, wenn dazwischen noch Diskussionen stattfinden

So ja: hierarchische Anordnung der Ideen

»Meine Empfehlung lautet XY, und meine Gründe dafür sind: Erstens ... zweitens ... drittens ...«

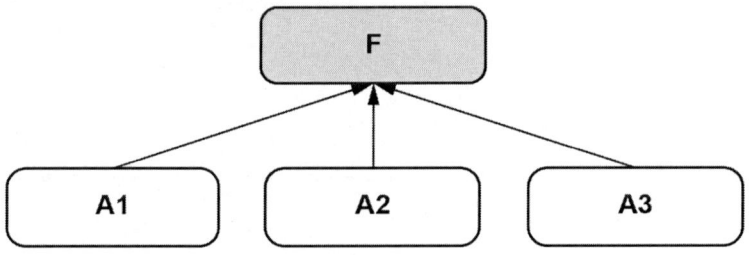

So ja: hierarchische, logisch-pyramidale Anordnung der Ideen. Bildquelle: Max Ott

Muster: Zentrale Botschaft (Folgerung/Empfehlung) zuerst. Hierarchisch-logische Ordnung der Ideen: Oberbegriff – Unterbegriff – Seitenbegriff

Vorteile:

- Zuhörer weiß sofort, worum es geht
- Kann Schlüssigkeit der Argumentation prüfen

- Folgt der Gedächtnis-Struktur unseres Gehirns. Ähnlich wie wir ein Blatt Papier in unserem Büro auch eher finden, wenn wir es so sortieren: Schrank, Schublade, Ordner, Dokument, findet sich unser Gehirn in einem Text auch eher zurecht ,wenn ihm zuerst der Oberbegriff und dann die Unterbegriffe genannt werden.

Gliedern Sie pyramidal mit der Ad-hoc-Pyramide

Wenn Sie mit Ihrer Präsentation nachhaltig Wirkung erzeugen möchten, dann ist es unerlässlich, die Gedanken

1. formal logisch-pyramidal anzuordnen
2. inhaltlich auf die Fragen der Zuhörer abzustimmen

Denn nur dann sind Ihre Inhalte prägnant und relevant.

Diese beiden Kriterien erfüllt die Ad-hoc-Pyramide, die Sie dabei unterstützt, im Nu Ihre Gedanken zu sortieren, strategisch anzuordnen und empfängerorientiert zu formulieren.

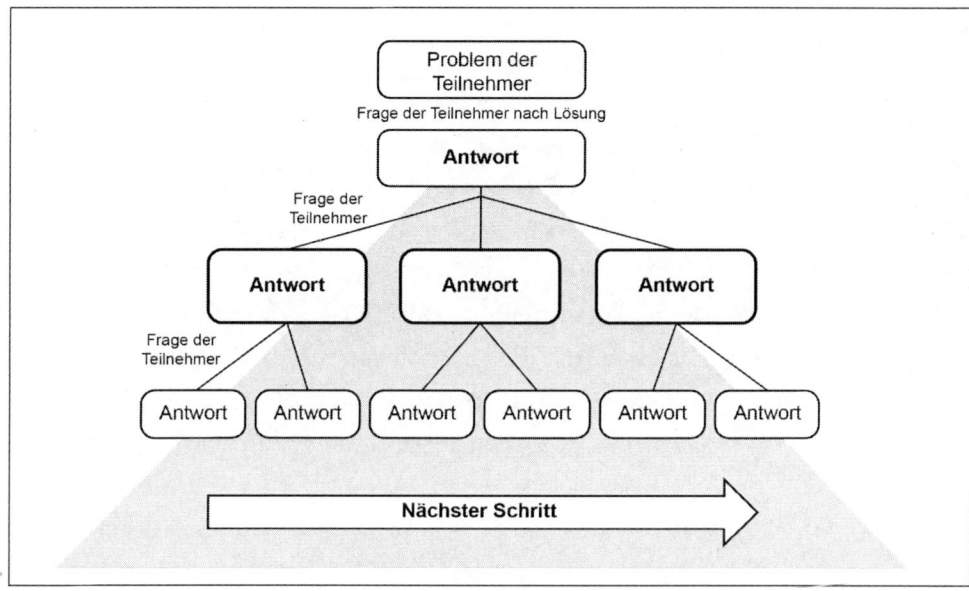

Die Ad-hoc-Pyramide mit der Sie im Nu relevante Inhalte auswählen und prägnant anordnen können.
Bildquelle: Max Ott

Schauen wir uns die Ad-hoc-Pyramide von oben nach unten an:
Sie beginnt mit dem Problem der Teilnehmer, des Gegenübers. Es gibt ein Problem, und das brennt dem Empfänger unter den Nägeln. Die Einleitung ist eine kurze Geschichte. Sie beschreibt die Situation, die der Empfänger kennt, und in der sich ein Problem ergeben hat.

Daraus resultiert eine Frage nach einer Lösung. Das Problem hat zu Fragen geführt, und auf diese gibt Ihre Ad-hoc-Präsentation Antworten.

Der oberste Punkt der Pyramide (»Auf den Punkt kommen«) ist die Antwort des Senders auf die Frage des Empfängers. Er schlägt eine Lösung (eine Empfehlung, ein Konzept, ein Produkt, eine Vorgehensweise) vor, mit der das Problem des Empfängers gelöst wird.

Diese Antwort löst wiederum Fragen im Kopf des Empfängers aus.

Alle vertikalen Ideen stehen in einer Frage-Antwort-Beziehung. Die Fragen sind die, welche sich der Empfänger stellt. Der Sender gibt darauf die Antworten. Dies sichert die Empfängerorientierung und Relevanz der Inhalte (vertikale Pyramiden-Regeln).

Die Ideen der darüberliegenden Ebenen müssen Zusammenfassungen der darunter gruppierten Ideen sein. Die Ideen sind hierarchisch und nicht linear sortiert. Dies ist das Grundprinzip der Pyramide (Minto: 2002). Die Pyramide stellt unsere Alltagserfahrung auf den Kopf. Diese ist zeitlich-linear und erst am Ende kommen wir zur Schlussfolgerung. Die Pyramide beginnt mit der Schlussfolgerung und endet mit den Details.

Die Ideen einer horizontalen Ebene müssen gleichartig sein. Die Ideen innerhalb einer Gruppe müssen logisch der gleichen Art sein: nur Gründe, nur Feststellungen, nur Schritte etc. Diese Gruppen gleichartiger Gedanken lassen sich mit folgenden Typisierungen charakterisieren (vgl. Hichert, o.J.):

- **Fakten:** Feststellungen – es werden Aussagen gemacht, dass etwas so oder so ist oder nicht ist.
- **Gründe:** Es werden Ursachen, Vorteile, Nachteile, Probleme genannt, die für das Ausführen oder Nichtausführen der Lösung gelten.

- **Phasen:** Es werden Schritte eines Vorhabens genannt, die für die Zielerreichung erforderlich sind.

Diese unterschiedlichen Gruppen gleichartiger Gedanken dürfen auf der gleichen Ebene nicht miteinander vermischt werden (horizontale Pyramiden-Regeln).

Der Abschluss leitet den nächsten Schritt ein und sagt dem Empfänger, was er genau als nächstes tun soll, damit das Problem gelöst wird. Er stellt sicher, dass der Sender sein Tun-Ziel erreicht.

Für Business-Präsentationen bietet die Ad-hoc-Pyramide eine Reihe von Vorteilen gegenüber einer Argumentation, bei der erst am Ende die Schlussfolgerung genannt wird. Sie bedient perfekt die Erwartungen der meisten Entscheider:

- **Zeit ist Geld!** Bei Geschäftspräsentationen kommt unsere Botschaft gleich zu Beginn, denn es ist für Business-Entscheider wichtig zu wissen, ob sie unserer Präsentation bis zum Ende zuhören sollen.
- **Kommen Sie zum Punkt!** Nur dann, wenn ein Entscheider nach wenigen Minuten versteht, auf was wir hinauswollen und am Ergebnis unserer Analysen interessiert ist, wird er bis zum Schluss dabeibleiben.
- **Bitte prägnant und präzise!** Die Pyramide schafft hier einen Überblick über die zentralen Aussagen, und sie ermöglicht die Einordnung aller Gedanken in einen klaren Zusammenhang.
- **Was bringt es mir?** Durch das Frage-Antwort-Prinzip wird die Aufmerksamkeit gesteuert. Die Pyramide sichert eine überzeugende Argumentation und treffende Inhalte.

- **Was soll ich tun?** Die Pyramide ist ergebnis- und handlungsorientiert. Sie leitet direkt und explizit den nächsten Schritt ein.

Je länger Ihre Präsentation dauert, umso mehr Ebenen in die Tiefe hat Ihre Präsentation.

Beispiel: Wenn Sie den CEO im Aufzug treffen und ihm schnell Ihre Idee vorstellen, dann hat Ihre Pyramide eine Ebene. Sie zeigen das Problem auf, Ihre Lösung, Ihre drei Kernbotschaften und den nächsten Schritt. Der nächste Schritt ist in diesem Fall meist ein Termin, bei dem Sie dann die Gelegenheit haben, in einer längeren Präsentation Ihre Lösung zu präsentieren.
Wenn Sie 20 Minuten präsentieren und zwei Stunden Zeit haben, sich vorzubereiten, dann hat Ihre Pyramide zwei Ebenen. Nun können Sie Ihre Kernbotschaften evident machen mit Beweisen und Belegen. Sie können schnell einige Charts ausdrucken, Beispiele finden, eine kurze Demo einbauen, ein Modell mitnehmen, eine einleuchtende Analogie verwenden.
Wenn Sie eine längere Präsentation oder einen Vortrag halten, dann hat Ihre Pyramide noch weitere Ebenen. Nun können Sie an Ihrem Text feilen, Highlights einbauen (Beispiele, Story, Demonstration, Interaktion ...) Interaktionen planen, verschiedene Medien mixen, und an Ihren Worten feilen (Metapher, Klimax, Slogan ...).

Dieses Ziehharmonika-Prinzip der Pyramide ist äußerst hilfreich im Präsentations-Alltag. Für Ihre längeren Präsentationen lassen Sie Ihre kurze Ad-hoc-Präsentation unverändert. Sie wird nur in der Pyramiden-Tiefe intensiver evident gemacht (überzeugende Charts, präzise Statistiken, Metaphern, Interaktionen etc.).

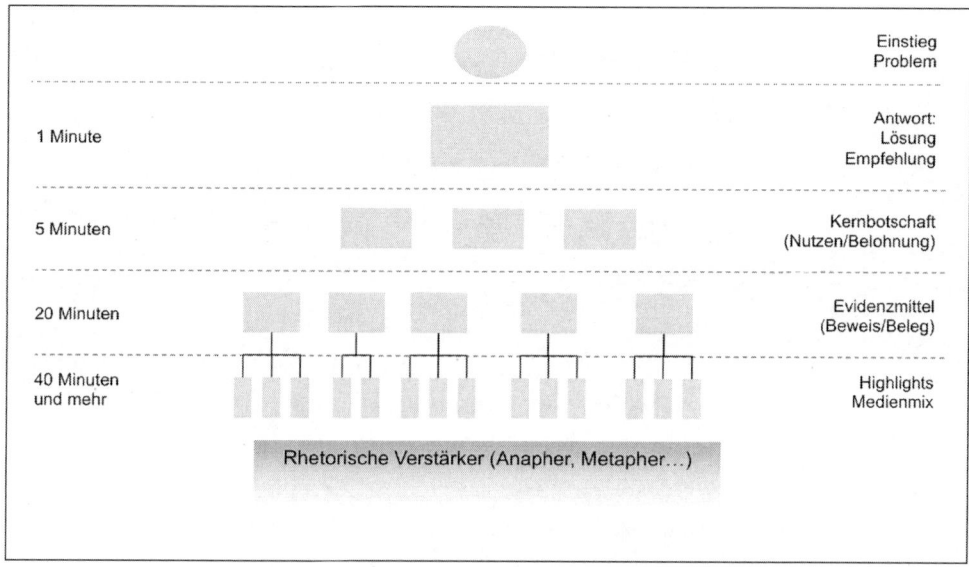

Das Ziehharmonika-Prinzip: Je mehr Zeit Sie haben, umso mehr Ebenen hat Ihre Pyramide. Bildquelle: Max Ott

Je weniger Zeit Sie haben, umso weniger Ebenen hat Ihre Pyramide. Die Anzahl der Kernbotschaften bleibt gleich. Mehr Kernbotschaften einzufügen, würde zum Gießkannenprinzip führen oder zu überladenen Text-Charts und PowerPoint-Präsentationen.

Mit dem Thema der tieferen Schichten der Pyramide, der Ebenen der Evidenzmittel, Highlights, der medialen Aufbereitung, der rhetorischen Wirkverstärkung werden sich die nächsten Kapitel beschäftigen.

Zusammenfassend lässt sich festhalten: Die Ad-hoc-Pyramide unterstützt Sie dabei, logisch, strukturiert und zuhörerzentriert zu präsentieren. Sie ist ein ganzheitliches System, das Logik, Struktur,

Zuhörerzentrierung, Wirkung in einem Konstrukt erfasst. Sie verbindet entlang eines logischen roten Fadens (Storyline) Ihren Inhalt mit den Fragen der Teilnehmer.

Präsentieren Sie die Pyramide entlang der Ad-hoc-Storyline

Die Storyline ist die Reihenfolge, in der Sie die Ad-hoc-Struktur präsentieren. Sie ist der rote Faden Ihrer Präsentation. Fangen Sie oben in der Pyramide an und gehen Sie in dieser Reihenfolge in die Tiefe:

1. Benennen Sie zuerst das Problem der Teilnehmer.
2. Stellen Sie explizit die brennende Frage der Teilnehmer.
3. Kündigen Sie nun Ihre Antwort (Lösung, Empfehlung) an.
4. Geben Sie eine Vorschau der drei Argumente auf Ebene 1.
5. Gehen Sie nun in die Tiefe bei Punkt 1.
6. Machen Sie eventuell einen Rückblick und eine Vorschau. Gehen Sie in die Tiefe bei Punkt 2.
7. Machen Sie eventuell einen Rückblick und eine Vorschau. Gehen Sie in die Tiefe bei Punkt 3.
8. Fassen Sie die drei Kernbotschaften zusammen.
9. Leiten Sie den nächsten Schritt in Richtung Ihres Ziels ein.

Beispiel: *Stellen Sie sich vor, Sie möchten Ihre Kollegen davon überzeugen, eine Online-Akademie für Ihre Kunden zu gründen. Ihr Unternehmen ist in den letzten Jahren rasant gewachsen und hat Kunden in ganz Europa und Asien gewonnen. Leider fehlen Ihnen die Ressourcen, alle diese Kunden persönlich zu betreuen. Dann könnte die Storyline – noch ganz ohne inhaltliche Füllung – so aussehen:*

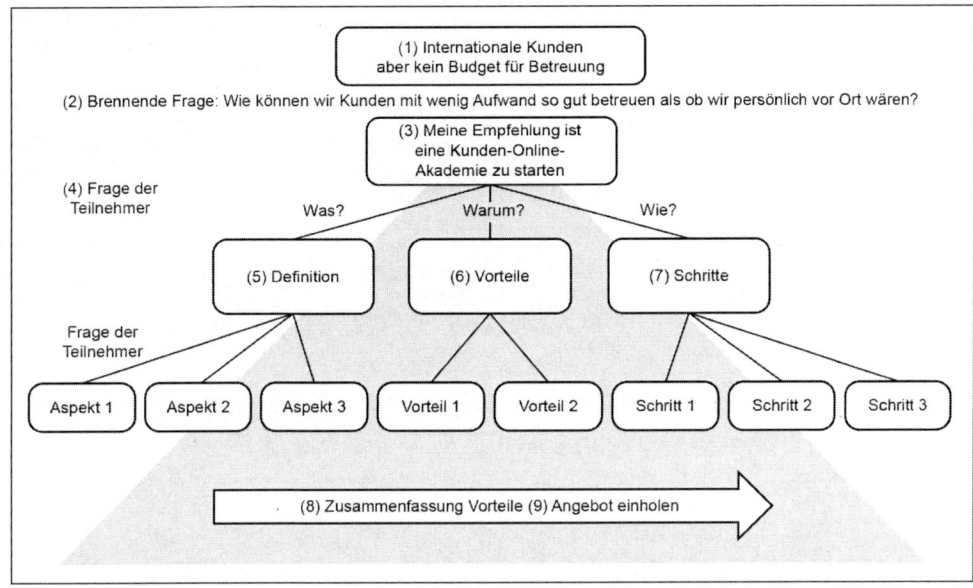

Storyline ist die Reihenfolge, in der die Ad-hoc-Pyramide präsentiert wird. Bildquelle: Max Ott

(1) Unser Wachstum hat dazu geführt, dass wir weltweit Kunden haben. Doch wir haben weder die Zeit noch das Budget, diese Kunden auch persönlich zu besuchen.

(2) Die Frage ist: Wie können wir sie mit wenig Aufwand so gut betreuen, als ob wir persönlich vor Ort wären?

(3) Meine Empfehlung ist, eine Kunden-Online-Akademie zu starten.

(4) Ich werde Ihnen zuerst zeigen, was eine Kunden-Online-Akademie genau ist, zweitens, welche Vorteile Sie für uns hat, und drittens, wie wir sie in drei Schritten implementieren können.

(5) Kommen wir nun zu Punkt 1: Was ist eine Kunden-Online-Akademie? Drei Aspekte möchte ich hier hervorheben ... (in die Tiefe gehen).

(6) Sie haben gesehen, was eine Online-Akademie ist. Kommen wir nun zu den drei wichtigsten Vorteilen ... (in die Tiefe gehen bei Punkt 2).

(7) Nachdem wir uns von den Vorteilen überzeugt haben, möchte ich zum Schluss zeigen, wie einfach wir sie in drei Schritten implementieren können (in die Tiefe gehen Punkt 3).

(8) Zusammenfassend lässt sich sagen ... (Vorteile wiederholen).

(9) Lassen Sie uns deshalb Angebote der drei besten Anbieter vergleichen und eine vierwöchige Testversion installieren und austesten.

Es ist sehr wichtig, die Gliederungspunkte explizit auszusprechen, sichtbar zu visualisieren und/oder nonverbal zu verdeutlichen. Dadurch kann Ihr Gegenüber Ihnen viel besser folgen, Sie vermeiden sinnlose Einwände und störende Fragen, da die Zuhörer genau wissen, auf welche Aspekte Sie wann eingehen werden. Dies gibt dem Empfänger Sicherheit und Orientierung, und er kann entspannt Ihren Inhalten folgen.

TIPP Sprechen Sie Strukturen in einer Art Vorschau immer explizit an: Machen Sie, wenn Sie mit einem Hauptpunkt fertig sind, eine Rückschau auf den letzten und eine Vorschau auf den nächsten Punkt. Fügen Sie in Ihre PowerPoint-Präsentationen eine Strukturfolie ein, heben Sie den Punkt hervor, den Sie als nächsten behandeln. Schreiben Sie Ihre Struktur aufs Flipchart/Whiteboard und haken Sie die Punkte ab, die Sie behandelt haben. Verdeutlichen Sie Ihre Struktur mit Körpersprache und Stimme. Zählen Sie mit den Fingern mit. Heben Sie die Gliederungspunkte hervor, indem Sie sie laut und eindringlich ankündigen. Und: Machen Sie Wirkpausen nach einzelnen Punkten.

Durch die logische Struktur der Ad-hoc-Pyramide und die flüssig erzählte Storyline wird Ihre Präsentation

- nachvollziehbar,
- relevant,
- überzeugend und
- wirkungsvoll zugleich.

Die Ad-hoc-Pyramide ist bis ins letzte Detail PowerPoint-kompatibel, da sie für jeden Schritt in der Pyramide ein PowerPoint-Chart anlegen können. Mit ihr können Sie kurze Argumentationen aber auch längere Präsentationen

- konzipieren,
- visualisieren,
- durchführen.

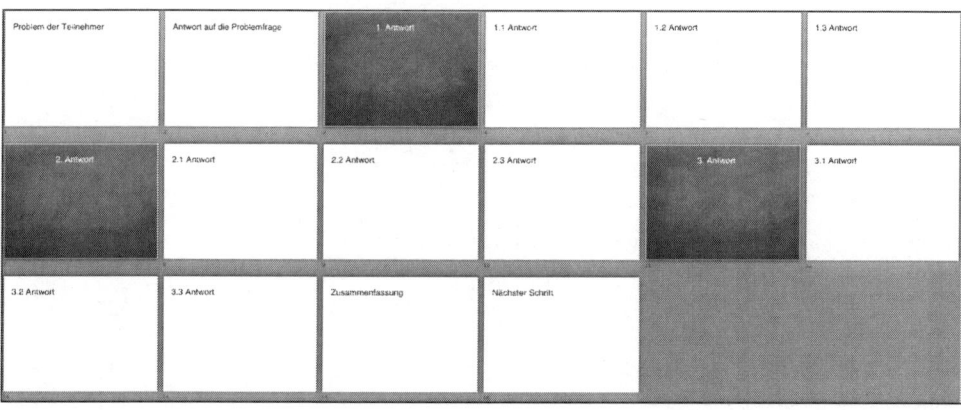

Übertragen Sie für längere Präsentationen Ihre Storyline in PowerPoint. Legen Sie für jeden Punkt auf der Pyramide ein oder mehrere Charts an. Bildquelle: Max Ott

Treffend präsentieren. Finden Sie für jeden die richtigen Argumente

Beantworten Sie die brennenden Fragen Ihres Publikums

Kommen wir nun zur inhaltlichen Füllung der Pyramide. Das formale Grundgerüst steht, jetzt wird es mit Leben gefüllt. Das Prinzip, wie wir überzeugende und relevante Inhalte auswählen, kennen Sie schon. Wir beantworten auf der darunterliegenden Ebene die Fragen, die sich die Empfänger zur darüberliegenden Ebene stellen.

Dabei unterscheiden wir drei Sorten von Fragen:
1. Die brennende Frage nach einer Lösung.
2. Was-, Warum- und Wie-Fragen – nachdem die Lösung genannt wurde.
3. Implizite Fragen, die sich die Empfänger – je nach Persönlichkeitstyp – stellen.

Eine überzeugende Botschaft ist immer die Antwort auf eine das Publikum interessierende Frage.

Eine der wichtigsten, die Frage nach der Lösung des Problems, steht ganz am Anfang Ihrer Argumentation.

In keiner anderen Kommunikationsform ist der Einstieg so wichtig wie beim Ad-hoc-Präsentieren. Er muss innerhalb von Sekunden Aufmerksamkeit, Spannung und Motivation erzeugen können. Wenn Sie hier richtig landen, dann erreichen Sie Ihr Ziel auf direktem Weg. Fliegen Sie zu hoch oder zu tief, dann verfehlen Sie die Punktlandung. Es geht um den präzisen Anflug in Ihre Ad-hoc-Präsentation, und die Navigations-Instrumente, die wir für die punktgenaue Landung benötigen, müssen

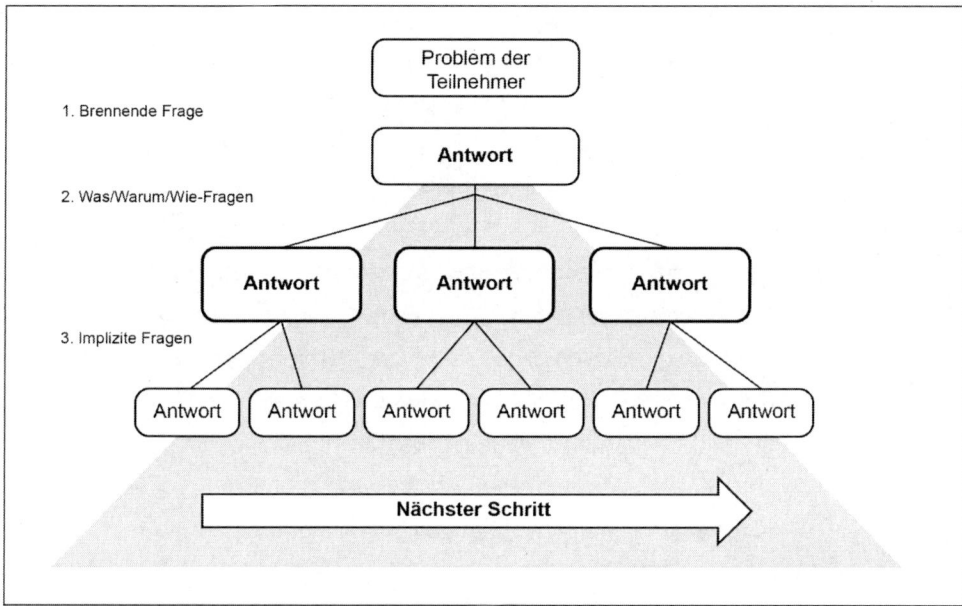

Empfänger-Fragen für jede Ebene. Ihre Inhalte werden relevant für den Empfänger, wenn die Pyramide auf jeder Ebene die Fragen des Empfängers beantwortet. Bildquelle: Max Ott

genauso präzise und fein abgestimmt sein wie die in einem Düsenjet bei der Landung auf einem Flugzeugträger. Denn ähnlich wie wir nur wenige Minuten zur Verfügung haben, hat auch der Pilot nur wenige Meter und wenige Sekunden, seinen Jet auf der kurzen Landebahn sicher in Position zu bringen.

Beim Starten und beim Landen passieren die meisten Unfälle. Deshalb sind die Piloten hier ganz besonders aufmerksam. Sie verlassen sich nicht nur auf den Autopiloten, sie nutzen zusätzlich ihr eigenes Gehirn und ihre ganze Erfahrung. Genauso ist es auch beim Präsentieren. Kommunikationsprofis verlassen sich nicht darauf, dass ihnen irgendetwas einfallen wird oder dass ihr Autopilot (ihr Unbewusstes) im richtigen Moment schon den richtigen Einstieg bereitstellen wird. Am Einstieg (und am Schluss) erkennt man den Experten und Kommunikationsprofi. Sie gehen alle nach derselben Formel vor, und wenn man sie kennt, kann man immer und überall punktgenau und sicher landen.

Ihre Ad-hoc-Präsentation muss also eine Frage beantworten, die Ihren Teilnehmern unter den Nägeln brennt. Die Antwort auf diese brennende Frage ist die Key-Message (der »Punkt«) Ihrer Präsentation. Da Sie nur das sagen, was Ihr Publikum interessiert, wird Ihre Präsentation interessant, relevant und fesselnd für Ihre Teilnehmer. So sichern Sie sich von der ersten Sekunde an Aufmerksamkeit und Wohlwollen. So erzeugen Sie von der ersten Minute an Spannung und Motivation.

Die Einleitung hat die Form einer Geschichte, ähnlich wie Hollywood einen Film erzählt. Sie beginnt bei einer vertrauten Situation, bringt ein Problem ins Spiel, das seinerseits eine Frage auslöst, die dann Ihre Präsentation beantwortet. Hauptdarsteller in Ihrem Ad-hoc-Film ist der Empfänger – und Sie sind der Held, der dessen Rettung präsentiert und der dadurch zum Schluss sein Happy End bekommt.

Beispiel: *Guten Tag, Herr Carsten. Schön, dass ich Sie treffe. Es geht um den neuen Mitarbeiter-Parkplatz auf dem ehemaligen Müller-Areal. Es wurden in ihn 480.000 Euro investiert, und trotzdem wird er von den Mitarbeiterinnen nicht angenommen. Vor allem in der Spät- und Nachtschicht bleibt er frei. Die Mitarbeiterinnen wollen den Parkplatz nicht nutzen, weil er zu weit weg und somit zu gefährlich ist. Die Mitarbeiterinnen parken weiterhin auf der Straße, was zu Ärger mit den Anwohnern führt und zu hohen Warngebühren von der Polizei. Die Frage ist: Wie können* wir mit wenig Aufwand sicherstellen, dass der Parkplatz gerne genutzt wird und sich unsere Investition rechnet? Ich habe etliche Varianten durchkalkulieren lassen. Die kostengünstigste und eleganteste Lösung ist die Genehmigung zum Bau einer Brücke vom Parkplatz zum Werk. Das hat drei Vorteile ... (Pyramide).

Differenzieren Sie Was-, Warum- und Wie-Fragen

Nachdem Sie die Antwort auf die »brennende Frage« gegeben und Ihre Lösung empfohlen haben, entstehen wieder neue Fragen beim Empfänger.

Beispiel: *Angenommen, Sie empfehlen einem Kunden Ihr Konzept »Move« und möchten, dass er in Zukunft damit arbeitet. Welche Fragen wird er sich nun stellen?*
Er wird zuerst wissen wollen, WAS »Move« überhaupt ist. Erst wenn er das verstanden hat, wird er sich fragen, WARUM er Ihrer Empfehlung folgen soll, was ihm das bringt. Wenn er den Nutzen verstanden hat und überzeugt davon ist, dass Ihre Empfehlung für ihn nützlich und richtig ist, wird er sich fragen: WIE sieht die Lösung genau aus? WIE setze ich »Move« konkret um?

Wenn Sie eine Empfehlung/Erklärung aussprechen, hat also das Publikum drei Fragen, die Sie dann auf der ersten Ebene der Pyramide beantworten:

Was-Fragen

- Worum geht es überhaupt?
- Was genau ist es?
- Was für Zahlen, Daten, Fakten gibt es?

Warum-Fragen

- Sollen wir es überhaupt machen?
- Welchen Nutzen bringt uns das?
- Welches sind die Begründungen?

Wie-Fragen

- Wir machen es, aber wie?
- Wie funktioniert es?
- Wie sehen Lösungs-Varianten aus?
- Wie sehen die einzelnen Schritte der Lösung aus?

Fragen Sie sich am Beginn Ihrer Präsentation immer: Muss ich eine Was-, Warum- oder Wie-Frage beantworten? Manchmal beantwortet man alle drei, manchmal nur eine oder zwei. Was-, Warum- und Wie-Fragen führen zu Was-, Warum- und Wie-Pyramiden oder Pyramidenteilen. Nicht immer stellt sich der Empfänger alle drei Fragen (zum Beispiel wenn er das »Was« schon kennt), und nicht immer haben wir Zeit, alle drei Fragen zu beantworten (zum Beispiel wenn wir den Entscheider im Aufzug treffen und unsere Chance mit einer kurzen Warum-Pyramide nutzen wollen).

Es gibt also

1. Was-Pyramiden – das sind Info-Präsentationen
2. Warum-Pyramiden – das sind Überzeugungspräsentationen (Pitch)
3. Wie-Pyramiden – das sind Lösungspräsentationen
4. Was-, Warum- und Wie-Pyramiden – das sind Konzeptpräsentationen

Welche Pyramide Sie auswählen, hängt von der Zeit, die Ihnen zur Verfügung steht, aber vor allem vom Vorwissen des Empfängers ab und davon, welche Art von Problem er hat:

Problem	Lösung	Führt beim Empfänger zur Frage	Ihre Antwort
Was-Probleme	Es gibt noch keine Lösung. Lösung ist dem Empfänger nicht bekannt.	Was sollen wir tun? Was genau ist es?	Was-Pyramide Info-Präsentation Strukturelemente: Aspekte, Feststellungen, Beschreibungen, Zahlen, Daten, Technik, Definition, Funktionsweise, Historie, Entwicklung, Herleitung, Aussehen, Design Ziel: Kompetenz und Vertrauen aufbauen
Warum-Probleme	Es gibt mehrere Lösungen.	Warum soll ich genau diese Lösung wählen? Ist es für mich die richtige Lösung?	Warum-Pyramide Überzeugungspräsentation (Pitch) Strukturelemente: Begründungen, Nutzenargumente (Vorteile, vermeidbare Nachteile, Alleinstellungsmerkmale, Pro und Kontra) Ziel: überzeugen, verkaufen
Wie-Probleme	Eine Lösung ist akzeptiert. Ihr Gegenüber ist schon überzeugt von Ihrer Lösung.	Wie sollen wir es tun?	Wie-Pyramide Lösungspräsentation Strukturelemente: Schritte, Phasen, Varianten, Meilensteine, Aspekte, Module, Wege, Varianten Ziel: Commitment für Lösung und Motivation für Umsetzung

Was-, Warum- und Wie-Fragen führen zu Was-, Warum- und Wie-Pyramiden

Die Was-Pyramide – Info-Präsentation

Immer dann, wenn Ihr Gegenüber Ihre Lösung (Ihr Konzept/Ihr Produkt) nicht kennt, müssen Sie es ihm mit der Was-Pyramide erklären.

Ziel ist es, Informationen verständlich zu vermitteln, Kompetenz zu zeigen und das Vertrauen des Gegenübers zu gewinnen. Zum Schluss der Was-Pyramide sollte der Empfänger folgendes denken: »Ja, die Lösung ist durchdacht, sicher, passt zu mir und hat was Einzigartiges!«

Die folgende Abbildung zeigt Ihnen, mit welchen Elementen Sie die weiteren Ebenen strukturieren können:

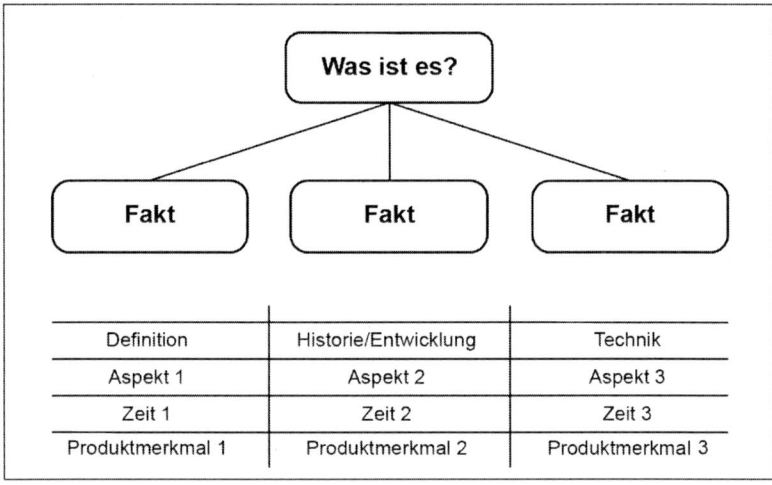

Was-Pyramide: Informationen verständlich und kompetent weitergeben.
Bildquelle: Max Ott

Beispiele zur Tabelle

(1) Was ist Move? Ich möchte Ihnen zuerst sagen, was Move genau ist, dann Ihnen zeigen, aus welcher Historie heraus wir Move entwickelt haben, und Ihnen schließlich erläutern, wie Move genau funktioniert.

(2) Ich gehe zuerst auf den regionalen, dann auf die geschichtlichen und zum Schluss auf den gesellschaftlichen Aspekt von Move ein. Fangen wir mit den regionalen Aspekten an ...

(3) Ich zeige Ihnen zuerst, wie Move in den 1990er-Jahren entdeckt, in den 2000er-Jahren weiterentwickelt und schließlich heute zur Vollendung gebracht wurde.

(4) Ich gehe zuerst auf die Technik, dann auf die Bedienung und zum Schluss auf das Design ein.

Die Warum-Pyramide – die Überzeugungspräsentation (Pitch)

Immer dann, wenn Ihr Gegenüber die Lösung schon kennt (Was), oder wenn Sie wenig Zeit haben, nutzen Sie eine Warum-Pyramide. Sie wird auch Pitch genannt, weil es sich um eine kurze Verkaufspräsentation handelt. Ziel ist es, Ihr Gegenüber zu überzeugen. Menschen lassen sich nur von dem überzeugen, was ihnen nutzt oder Schaden verhindert. Deshalb nennen wir diese Argumente Vorteilsargumente. Zum Schluss sollte der Entscheider denken: »Ja, das ist die richtige Lösung, die bringt mich weiter, die sichert meinen Standard, die passt zu mir und die sieht gut aus!«

Die folgende Abbildung zeigt Ihnen, mit welchen Elementen Sie die weiteren Ebenen strukturieren können:

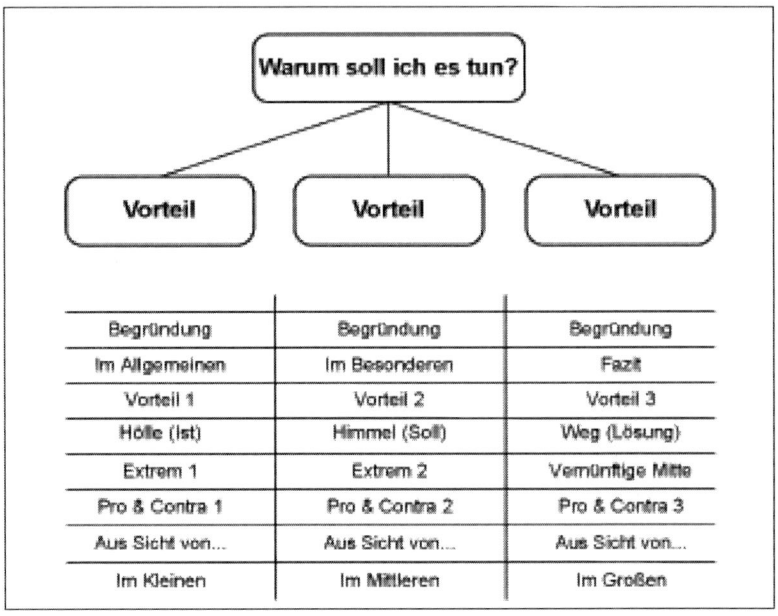

	Warum soll ich es tun?	
Vorteil	Vorteil	Vorteil
Begründung	Begründung	Begründung
Im Allgemeinen	Im Besonderen	Fazit
Vorteil 1	Vorteil 2	Vorteil 3
Hölle (Ist)	Himmel (Soll)	Weg (Lösung)
Extrem 1	Extrem 2	Vernünftige Mitte
Pro & Contra 1	Pro & Contra 2	Pro & Contra 3
Aus Sicht von...	Aus Sicht von...	Aus Sicht von...
Im Kleinen	Im Mittleren	Im Großen

Warum-Pyramide: Wenn Sie wenig Zeit haben oder Ihre Lösung bekannt ist, dann verwenden Sie nur eine Warum-Pyramide (Verkaufspyramide/Pitch). Bildquelle: Max Ott

Beispiele zur Tabelle

(1) Drei Gründe sprechen für Move: erstens die neue Steuergesetzgebung, zweitens der demografische Wandel und drittens die strategische Ausrichtung unseres Unternehmens.

(2) Die neue Generation von Mitarbeitern möchte sich auf Ihrem Arbeitsplatz wohlfühlen. Sie wünschen sich mehr junge Mitarbeiter. Sorgen Sie mit Move dafür, dass junge Mitarbeiter der neuen Generation sich bei Ihnen wohlfühlen.

(3) Move hat drei Vorteile: Es steigert erstens Ihren Gewinn, es vergrößert zweitens Ihre Marktanteile und es bindet drittens Ihre guten Mitarbeiter an Ihr Unternehmen.

(4) Im Moment finden wir keine guten Mitarbeiter, unsere Stellen bleiben unbesetzt und wir können die Aufträge nicht abarbeiten. Wir möchten zu einem attraktiven Arbeitgeber werden, exzellente Mitarbeiter gewinnen und stark am Markt agieren. Move kann uns helfen, diesen Weg zu gehen.

(5) Wir können auf der einen Seite die Hände in den Schoß legen, gar nichts machen und einfach abwarten, dass irgendjemand sich bei uns bewirbt. Wir können aber auch auf der anderen Seite auf jeder Messe tanzen, auf Facebook, XING und Google+ in Aktionismus verfallen oder sinnlose Geschenke verteilen. Ich glaube, dass keiner der beiden Wege zu uns passt. Lassen Sie uns deshalb mit Move den vernünftigen Weg der Mitte beschreiten, um ...

(6) Drei Wege gibt es, neue Mitarbeiter zu gewinnen: Junior-Messen, soziale Netzwerke oder unser Konzept Move. Lassen Sie uns die Vor- und Nachteile der drei Wege kurz aufzeigen. Fangen wir mit den Pro und Kontras von Junior-Messen an. (Enden Sie mit den Vorteilen von Move.)

(7) Move hat für alle Vorteile: Aus Sicht der Aktionäre ... Aus Sicht der Kunden ... Aus Sicht der Mitarbeiter ...

(8) Move nützt uns allen: dem einzelnen Mitarbeiter, dem ganzen Team und dem gesamten Unternehmen. Kommen wir zuerst zu den Vorteilen für die einzelnen Mitarbeiter ...

Ich möchte Ihnen noch einen Geheimtipp verraten, wie Sie die Warum-Pitch als strategische Vorbereitung für Ihre weiteren Lösungs- oder Konzeptpräsentationen nutzen können. Schauen wir uns dazu erst ein Beispiel an:

Angenommen, Sie treffen Ihren Geschäftsführer zwischen Tür und Angel und möchten Ihn von Ihrer Idee überzeugen. Dann werden Sie eine schnelle Warum-Pyramide (Pitch) präsentieren. Ihr Ziel wird es sein, einen längeren Präsentationstermin zu bekommen. Wenn er anbeißt und »Ja« zur Lösung sagt, dann können Sie beim zweiten Mal Ihre Wie-Pyramide präsentieren. Wenn Sie geschickt sind, dann fragen Sie ihn jetzt schon, welche Fragen er an die Lösung hat: »Was genau interessiert Sie? Was soll ich mitbringen?« Mit diesem kleinen Trick wird die Wie-Pyramide zu 100 Prozent treffend, da sie zu 100 Prozent auf die Fragen Ihres Gegenübers abgestimmt produziert werden kann.

TIPP

Wann immer Sie die Möglichkeit haben, Ihrem Empfänger Fragen zu stellen, dann tun Sie es. Fragen Sie ihn:

- Worauf legen Sie Wert?
- Was ist Ihnen wichtig?
- Was interessiert Sie am meisten?
- Was genau soll ich mitbringen?

Die Antworten sind Gold wert. Denn sie verraten Ihnen die Fragen Ihrer Zielgruppe, die Sie jetzt nur noch pyramidal beantworten müssen.

Die Wie-Pyramide – die Lösungspräsentation

Immer dann, wenn Ihr Gegenüber schon überzeugt ist von Ihrer Lösung, dann kommt es zur Lösungspräsentation.

Beispiel: Das ist oft der Fall, wenn wir nach einer erfolgreichen Akquise-Pitch zum zweiten Mal beim Kunden präsentieren. Jetzt will er die Lösung sehen, die wir maßgeschneidert für ihn entworfen haben. Wie-Präsentationen werden im Normalfall länger vorbereitet und finden eher selten ad hoc statt. Nichtsdestotrotz wird es ihnen immer wieder passieren, dass

Sie auch ad hoc eine Lösung präsentieren werden, zum Beispiel wenn Sie spontan dazu aufgefordert werden. *Gerade Experten, die nach dem Verkaufsteam präsentieren, werden oft zu Wie-Präsentatoren. Aber auch Führungskräfte, die Ihrem Team eine Vorgehensweise nahebringen möchten, brauchen Wie-Pyramiden-Kompetenz. Alle »How-to-Do«-Themen sind vorrangig Wie-Themen.*

Ziel der Wie-Lösungs-Präsentation ist die Umsetzung. Wir wollen dem Gegenüber zeigen, wie einfach, schnell und unkompliziert er zu seinen Vorteilen kommt. Zum Schluss sollte der Entscheider denken: »Ja, das werde ich TUN! Die Lösung ist durchdacht, sicher, einfach und begeisternd elegant!«

Die folgende Abbildung zeigt Ihnen, mit welchen Elementen Sie die weiteren Ebenen strukturieren können:

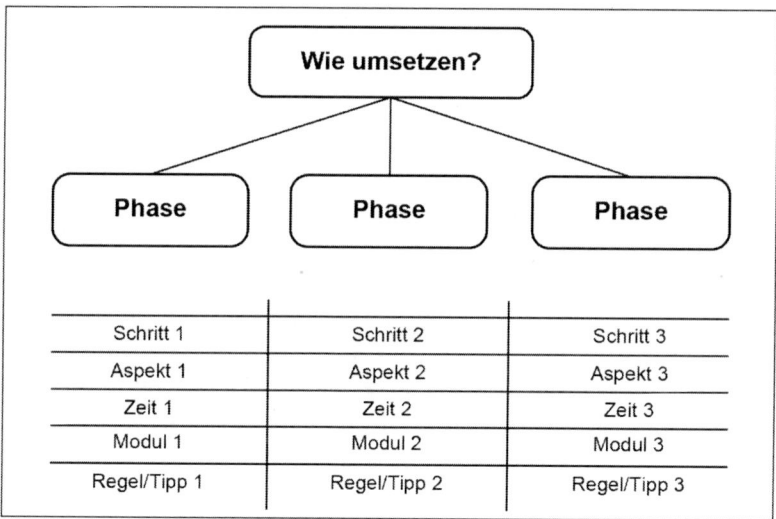

Wie-Pyramiden: Lösungen strukturiert und nachvollziehbar präsentieren.
Bildquelle: Max Ott

Beispiele zur Tabelle

(1) Wie können Sie Move umsetzen? Ganz einfach in drei (oder n) Schritten: Analyse, Implementierung, Kontrolle. Kommen wir zum ersten Punkt: Analyse.

(2) Was benötigen Sie, um Move sicher zu implementieren? Erstens einen Plan, zweitens ein Team und drittens einen Steuermann. Kommen wir zum Plan.

(3) Ich möchte Ihnen das Konzept Move vorstellen. Drei Meilensteine sichern ab, dass wir termingerecht abgeben, dass wir das Budget einhalten und dass wir die Qualitätsstandards sicher erreichen. Wir starten im Januar mit ... im Juli ... und im Dezember ...

(4) Für unser Konzept Move haben wir einen modularen Aufbau vorgesehen. 5 (oder n) Module lassen sich beweglich so einsetzen, wie sie es gerade benötigen. Ich stelle Ihnen nun alle Module vor ...

(5) Wie können sie nun mit Move arbeiten? Ich möchte Ihnen die drei (oder n) goldenen Regeln für eine sichere und saubere Umsetzung vorstellen. Regel Nr. 3: ...

Die Was-, Warum- und Wie-Pyramide – die Konzeptpräsentation

Immer dann, wenn Sie eine etwas längere Präsentation halten und ein Konzept vorstellen, dann können Sie die Was-, Warum- und Wie-Pyramide nutzen.

Ziel ist es, in einer Präsentation den Kunden zum Handeln zu bringen. Dazu wird zuerst Kompetenz und Vertrauen aufgebaut, dann wird über Nutzensargumente ein Überzeugungssog aufgebaut, und zum Schluss wird die Lösung motivierend präsentiert. Zum Schluss soll der Entscheider denken: »Ja, das setze ich um!« oder »Ja! Das kaufe ich!«

Beispiel: Angenommen, Sie stellen dem Kunden ein neues Konzept vor, das Sie ihm gerne verkaufen möchten, und Sie haben circa 20 Minuten Zeit. Dann können Sie alle drei Fragen beantworten und zeigen, was das Konzept ist, welche Vorteile es hat, und wie es umgesetzt werden kann.

Die folgende Abbildung zeigt Ihnen, mit welchen Elementen Sie die weiteren Ebenen strukturieren können:

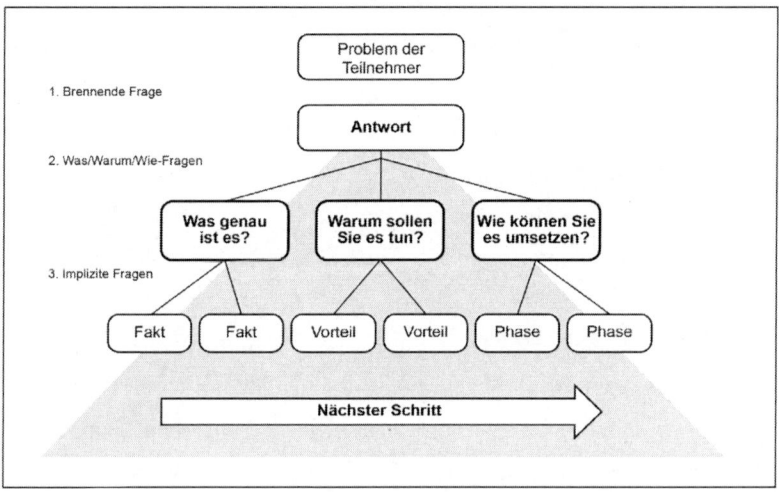

Was-, Warum- und Wie-Präsentation. Wenn Sie eine unbekannte Lösung vorstellen, beantworten Sie alle drei Fragen. (Konzeptpyramide). Bildquelle: Max Ott

Auch diese Struktur für etwas längere Präsentationen lässt sich ad hoc einsetzen, also ganz ohne Vorbereitung. Wichtig ist, dass Sie sie verinnerlichen und automatisch draufhaben, wenn sich zufällig mal die Gelegenheit ergibt, einem Kunden Ihr Konzept zu erklären. Nehmen Sie sich einen Stapel Servietten oder ein Blatt Papier und zeichnen Sie das, was Sie sonst mit PowerPoint visualisieren würden.

TIPP

Beantworten Sie die impliziten Fragen Ihrer Zuhörer – und nicht Ihre eigenen

Erinnern Sie sich an die Egofalle: Der Ego-Präsentierende spricht hauptsächlich über sich, sein Unternehmen, sein Produkt. Er wählt die Argumente aus, die ihn überzeugt haben, nutzt die Worte, die ihm gefallen, und zeigt die Aspekte, die er für relevant hält. Er beantwortet also auf der unteren Ebene der Pyramide die Fragen, die ER selbst sich unbewusst (implizit) stellt. Keine Sekunde fragt er sich: Welche Fragen hat mein Gegenüber? Was interessiert ihn? Was mag er? Was braucht er?

Dieser Perspektivenwechsel hat es in sich. Denn drei von vier Menschen ticken ganz anders als wir. Sie haben eine komplett andere Überzeugungssoftware im Gehirn, haben komplett andere Entscheidungskriterien, bevorzugen komplett andere Worte, Argumente und Verpackungen.

Deshalb ist es unerlässlich, sich mit einem Persönlichkeitsmodell auseinanderzusetzen, dass Ihnen die Unterschiedlichkeit der Menschen erklärt. Ich möchte Ihnen an dieser Stelle das Limbische Kommunikationsmodell vorstellen, das Rhetorik und Neurowissenschaft zusammenbringt.

Limbisches Kommunikationsmodell als Lösung

Wenn wir ad hoc präsentieren, haben wir nicht die Zeit, jedes Wort auf die Goldwaage zu legen und uns ausgefeilte Formulierungen zu überlegen. Schnell muss es gehen, einfach soll es sein – und präzise treffen soll es trotzdem. Die Gehirnforschung hilft uns, in der Kürze der Zeit genau die drei bis vier Argumente zu finden, die unser Gegenüber überzeugen – auch wenn wir ihn oder die Teilnehmer gar nicht kennen.

Wie also können wir alle unterschiedlichen Menschen erreichen, fesseln und für unsere Ideen gewinnen? Dies ist die zentrale Frage all meiner Forschungen, Bücher, Seminare und Beratungen, zusammengefasst im Limbischen Kommunikationsmodell (LKM) [vgl. Hermann-Ruess 2006 ff.]

Das Limbische Kommunikationsmodell kann Ihnen mit großer Sicherheit und Wahrscheinlichkeit erklären,
- wie Ihr Gegenüber fühlt, denkt, entscheidet
- was Ihr Gegenüber erfreut, was es begeistert, was es regelrecht fesselt
- welche Worte, welche Argumente, welches Design, welche rhetorische Inszenierung es überzeugen

Nutzen Sie das Limbische Kommunikationsmodell bei Ihren Ad-hoc-Präsentationen, um schnell und einfach alle vielfältigen, unterschiedlichen und vielleicht unbekannten Teilnehmer zu erreichen, zu überzeugen und zu fesseln.

Das LKM bringt die Welt der Rhetorik mit den Erkenntnissen der Neurowissenschaften zusammen. Die Neurowissenschaft fragt: »Wie denken, fühlen, entscheiden Menschen?«, und die Rhetorik fragt: »Mit welchen Mitteln kann ich Menschen wirkungsvoll überzeugen und gewinnen?« Beide zusammen können Ihnen die geeigneten Überzeugungsmittel, Formulierungen und Worte zur Verfügung stellen, damit Sie Entscheidungen für Ihre Ideen, für Ihr Produkt oder Ihre Dienstleistungen positiv steuern können. Erfolg wird dadurch für Sie kontrollierbarer, berechenbarer – nicht nur in Präsentationen, sondern auch in Verkaufsgesprächen, im Marketing, in der Werbung, in der Weiterbildung, in Mitarbeitergesprächen und bei Produktinnovationen.

Schauen wir uns an:

1. Was das LKM ist und wie es funktioniert
2. Wie Sie Ihre Sprache und Ihr Handeln genau auf Ihr Gegenüber abstimmen und so dessen Entscheidungen positiv lenken können
3. Wie Sie es bei der Produktion und Vorführung Ihrer Ad-hoc-Präsentation anwenden können, um überzeugende, gewinnende und fesselnde Präsentationen zu produzieren?

Was ist das Limbische Kommunikationsmodell und wie funktioniert es?

Im menschlichen Gehirn, genauer im limbischen System, werden Entscheidungen gefällt, für oder gegen Sie. Hier wird über Aufträge, Ressourcen und Aufstieg entschieden. Also lohnt es sich, mit den limbischen Programmen und der limbischen Kommunikation vertraut zu werden. Große Konzerne und große Marken haben die Macht des limbischen Systems längst entdeckt und nutzen die limbische Kommunikation gezielt und bewusst, um permanent auf das Belohnungssystem ihrer Kunden einzuzahlen, um uns Konsumenten Wohlgefühle und Belohnungen zu ermöglichen und so unser Kaufverhalten zu steuern (vgl. Häusel 2003).

Das limbische System ist ein sehr alter Teil des Gehirns, in dem Informationen gefiltert und emotional bewertet werden. Stellen Sie es sich wie einen strengen Wächter vor dem Großhirn vor. In einer ersten Prüfung bewertet er, welche Botschaft überhaupt zum Großhirn vorgelassen wird und somit ins Bewusstsein gelangt. Er decodiert die Botschaft auf ihre limbische Bedeutung hin. In einem zweiten Prüfschritt bewertet er, ob es sich um eine positive oder negative Botschaft handelt, und er markiert die Botschaft mit Gefühls-Markern, den sogenannten somatischen Markern – als ob das limbische System Ihren Botschaften kleine Post-its anheftet, auf denen beispielsweise »langweilig«, »spannend«, »misstrauisch«, »vertrauenswürdig«, »ärgerlich« oder »erfreulich« steht. Das limbische System entscheidet also darüber, ob Ihre Botschaft mit positiven oder negativen Emotionen markiert im Großhirn und im Gedächtnis Ihrer Zuhörer ankommt.

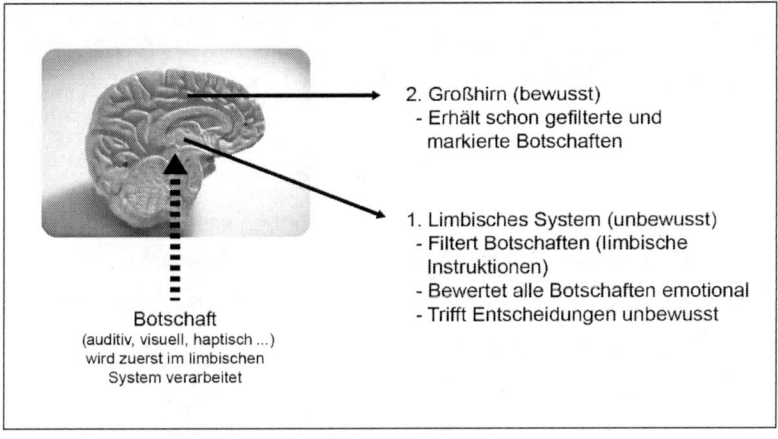

Alle Botschaften werden zuerst im limbischen System bewertet und gefiltert. Das limbische System entscheidet unbewusst, ob und welche Bedeutung eine Botschaft für uns hat. Bildquelle: Max Ott

Nützlich oder wichtig ist für das limbische System nur, was uns hilft, möglichst gut zu überleben. Folgende unbewusste Nutzensfragen werden also durch die limbischen Hintergrundprogramme, die limbischen Instruktionen (Häusel, 2003) ständig ausgelöst:

1. Gewinn: Macht es mich stärker, besser, erfolgreicher als andere?
2. Sicherheit: Macht es mein Leben sicherer, verlässlicher, vorhersehbarer?

3. Verbundenheit: Bringt es mir soziale Geborgenheit und harmoni-
   sche Verbundenheit?
4. Entdeckung: Hilft es mir, Neues zu entdecken? Ist es spannend
   und abwechslungsreich?

Folgen wir den Programmen, dann werden wir mit positiven Emotionen belohnt – folgen wir Ihnen nicht, werden wir mit negativen Emotionen bestraft. Im limbischen System befindet sich das Belohnungs- und das Bestrafungssystem – und je nachdem, ob Ihre Botschaft eine Beloh- nung oder eine Bestrafung darstellt, aktiviert sie die entsprechenden Areale.

Die einzelnen limbischen Instruktionen sind nicht bei jedem Menschen gleich stark ausgeprägt. Bei dem einen hat die Gewinner-Instruktion ein größeres Gewicht. Ein Mensch mit so einem limbischen Wächter lässt dann eher Botschaften ins Bewusstsein, die Größe, Dominanz und Siege versprechen. Ein zweiter hat eine stärkere Sicherheits-Ins- truktion und bevorzugt eher Botschaften, die Einfachheit, Sicherheit und Verlässlichkeit versprechen. Ein dritter besitzt eine stärkere Ver- bundenheits-Instruktion. Sein limbischer Wächter lässt dann eher die Botschaften durch, die ihm Liebe, Anziehung und Harmonie in Aussicht stellen. Und ein vierter besitzt eine laute Entdecker-Instruktion. Des- sen limbischer Wächter bevorzugt die Botschaften, die aufregend neu, anders als die anderen, verblüffend oder originell sind.

Was für den einen eine Belohnung ist, kann für andere eine Bestrafung sein. Dieser Satz hat es in sich – er ist der neurobiologische Grund dafür, dass wir mit unseren Worten und Argumenten so meilenweit »danebenliegen« können, dass wir andere ungewollt in Abwehrhaltung bringen. Das ist auch der neurobiologische Grund dafür, dass Präsentationen so gähnend langweilig sein können. In all diesen Fällen haben wir dann voll ins Bestrafungssystem getroffen, obwohl wir unser Bestes gegeben haben.

Wenn Sie limbisch kommunizieren, dann können Sie mit Worten bewegen. Dann treffen Sie mit Ihren Worten, Argumenten und Demonstrationen mitten ins Belohnungssystem Ihrer Zuhörer.

Da das Belohnungsprogramm Ihrer Zuhörer vielleicht ein anderes ist als Ihres, ist es wichtig, alle vier Belohnungsprogramme anzusprechen oder die Botschaft auf das bevorzugte Programm Ihrer Zielgruppe abzustimmen. Und da bei einer Präsentation oft sehr viele Menschen anwesend und wir alle im Besitz aller Instruktionen sind (nur in unterschiedlich starker Ausprägung), empfiehlt es sich, möglichst alle limbischen Instruktionen anzusprechen. Aber auch die Tatsache, dass 95 Prozent der Menschen mehrere dominante limbische Filter haben, unterstützt die Empfehlung, in einer Ad-hoc-Präsentation möglichst alle Programme anzusprechen. Dieses Vorgehen nennen wir limbische Pyramide oder kürzer Limbic Pitch.

Wenn Sie vor einem Teilnehmer(kreis) sprechen, den Sie gut kennen, dann können Sie Ihre Argumente selbstverständlich feiner auf die Entscheidungskriterien Ihrer Zuhörer abstimmen.

Wenn es möglich ist – aber das geht ad hoc nur sehr bedingt, dann recherchieren Sie und befragen Sie Gesprächspartner, Teilnehmer oder Veranstalter: »Was ist Ihnen wichtig? Worauf legen Sie großen Wert?«

Wie Sie Ihre Pyramide genau auf Ihr Gegenüber abstimmen

Wie können Sie für möglichst viele positive Emotionen, also für möglichst viele leuchtende Augen und nickende Köpfe sorgen?

Welches sind also die besten Überzeugungsmittel? Es sind nicht immer die, die Sie überzeugt haben. Und es sind auch nicht die, die Sie logisch finden. Die besten Überzeugungsmittel sind die, die Ihre Teilnehmer überzeugen. Unser bevorzugtes limbisches Programm, auch Denkstil genannt, wirkt wie ein Wahrnehmungsfilter. Er ist uns nicht bewusst und deshalb so unsichtbar wie die Luft um uns herum. Er bestimmt unbewusst, was für uns wichtig ist, er lenkt unsere Aufmerksamkeit, und er bestimmt, ob wir etwas positiv oder negativ bewerten. Er bestimmt unbewusst unsere Vorannahmen und Vorurteile. Unser bevorzugter Denkstil lässt uns unbewusst davon ausgehen, dass alle anderen genau gleich denken und fühlen wie wir. Und er ist verantwortlich für die vielen Missverständnisse und Konflikte, die wir mit anderen haben. Wenn Ihre Präsentations-Präferenzen mit denen Ihrer Zielgruppe übereinstimmen, dann haben Sie gute Chancen, mit ein wenig Präsentationstechnik eine gelungene Präsentation zu halten. Weichen Ihre Präferenzen stark von denen Ihrer Teilnehmer ab, dann ist die Wahrscheinlichkeit sehr hoch, trotz höchster Qualifikation, bester Inhalte und neuester Präsentationstechnik zu scheitern – weil Sie auf einer ganz anderen Wellenlänge senden, als Ihre Zielgruppe empfangen kann. Sie wirken nicht überzeugend – obwohl Sie Ihr Bestes geben.

Anstatt Überzeugungsmittel ziellos anzuwenden, empfiehlt es sich, diese darauf abzuklopfen, ob sie bei einer bestimmten Zielgruppe wirken oder nicht. Hier setzt das LKM an. Es kann dem Präsentierenden helfen, genau die Mittel auszuwählen, die bei dieser Zielgruppe wirken und somit zum Ziel führen. Lesen Sie sich die Listen durch – Sie werden sehr schnell erkennen, zu welchen Denkstilen Sie neigen. Lassen Sie sich dann von den passenden Listen inspirieren. Sie zeigen Ihnen, welche Richtung Ihre Präsentation einschlagen sollte, um präzise Ihre Zuhörer zu erreichen. Wenn Sie vor unbekannten oder großen Gruppen sprechen dürfen: Verwenden Sie idealerweise Elemente aus allen vier Codierungen.

Es gibt also vier unterschiedliche Belohnungsprogramme. Je nachdem, ob wir präzise diese Fragen der unbewusst arbeitenden Programme – der limbischen Instruktionen – beantworten, generieren wir überzeugende (belohnende) Argumente oder (bestrafende) Einwände und Angriffe. Daraus entstehen vier Arten von Argumenten, die sich jeweils in Vorteils- oder Konsequenzargumenten formulieren lassen:

- Wenn Sie meiner Empfehlung folgen, dann bekommen Sie mehr X (Belohnung)
- Wenn Sie meiner Empfehlung nicht folgen, dann verlieren Sie X (Bestrafung)

	Belohnung	Bestrafung
1. Gewinn/Durchsetzung: Macht es mich stärker, besser, erfolgreicher als andere?	Stolz, Siegesgefühl	Ärger, Wut, Ohnmacht
2. Sicherheit/Kontrolle: Macht es mein Leben sicherer, verlässlicher, vorhersehbarer?	Sicherheit, Vertrauen	Angst, Stress, Unsicherheit
3. Gemeinschaft/Verbundenheit: Bringt es mir soziale Geborgenheit und harmonische Verbundenheit?	Geborgenheit, Liebe	Einsamkeit, Trauer
4. Entdeckung/Fortschritt: Hilft es mir Neues zu entdecken? Ist es spannend und abwechslungsreich?	Prickeln, Verblüffung	Langeweile, Schwere

Überzeugungsmatrix: Es gibt vier Kategorien von limbischen Fragen, die vier belohnende und vier bestrafende Arten von Argumenten generieren. Bildquelle: Max Ott

KOMPAKT Menschen haben unterschiedliche Werte. Argumentieren bedeutet, das eigene Ziel mit den Werten des Gegenübers zu verknüpfen. Das Muster einer treffenden Argumentation lautet:

- Meine Idee/Mein Ziel erhöht deine Werte und ist eine Belohnung (Vorteilsargumente, »Himmel«)
- Setzt du meine Idee/mein Ziel nicht um nicht, dann sinken deine Werte und du musst mit Bestrafungen rechnen (Konsequenzargumente, »Hölle«)

Argumentieren bedeutet also, die eigenen Ziele und Ideen in die Sprache der Entscheider zu übersetzen.

Differenzieren Sie die impliziten Fragen nach dem limbischem Empfängertyp

Je nach limbischem Entscheidertyp werden nun seine Fragen inhaltlich ganz anders ausfallen.

Beispiel: Bleiben wir beim Konzept »Move«. Manche Zuhörer mit dominanter Gewinnerinstruktion fragen sich beispielsweise bei Warum-Fragen unbewusst: »Rechnet sich das?« Andere mit dominanter Sicherheitsinstruktion fragen sich »Bringt das alles Bisherige durcheinander?« Die mit einem dominanten limbischen Programm »Verbundenheit« fragen sich »Werde ich mich damit wohlfühlen?« Und unbewusst fragt sich ein Vierter mit dominantem limbischem Entdeckerprogramm: »Bringt uns das weiter? Ist es aufregend?«

Checkliste: Beispiele für implizite Was-, Warum-, Wie-Fragen der unterschiedlichen Entscheidertypen. Wenn Sie diese beantworten, erzeugen Sie treffende und motivierende Argumente:

Implizite Gewinn-/Durchsetzungs-Fragen	
Geben Sie mit Ihren Argumenten Antworten auf seine Fragen:	
Was genau ist es?	Gewinne ich Zeit oder knappe Ressourcen?
Ist es logisch?	**Wie genau mache ich es?**
Ist es durchdacht?	Wie ist es finanziert?
Ist es bewiesen?	Rechnet es sich?
Warum soll ich es haben/machen?	Wie schnell ist es?
Macht es mich erfolgreicher?	Wie wirkungsvoll?
Verhilft es mir zu Gewinn?	Wie rechnet es sich im Vergleich zu Alternativen?
Erhöht es meinen Status?	
Steigert es die Leistung?	

Implizite Sicherheits-/Kontroll-Fragen	
Geben Sie mit Ihren Argumenten Antworten auf seine Fragen:	
Was genau ist es?	Wie ist die Lösung geplant und strukturiert?
Ist es bewährt?	Wie genau mache ich es (How to ...)?
Ist es sicher?	
Ist es getestet?	Ist es von den meisten anerkannt?
Warum soll ich es haben/machen?	Ist es genormt, getestet und garantiert?
Verspricht es Sicherheit?	Wie sehen die Details aus?
Sichert es meine Position?	Wie aussteigen im Notfall?
Erhöht es meine Kontrolle?	Wie Risiken begegnen und eventuell Probleme lösen?
Ist es verlässlich?	
Ist es einfach?	Wie sicher im Vergleich zu Alternativen?
Minimiert es mein Risiko?	
Wie genau mache ich es?	

Implizite Gemeinschafts-/Verbundenheits-Fragen

Geben Sie mit Ihren Argumenten Antworten auf seine Fragen:

Was genau ist es?	**Wie genau mache ich es?**
Was sind das für Menschen?	Wer macht es?
Woher kommen sie?	Wie kommt es bei den Menschen an?
Wer wendet es schon an?	
Warum soll ich es haben/machen?	Wie wird es kommuniziert?
Macht es mich anziehender?	Ist es intuitiv bedienbar?
Verhilft es mir zu Zufriedenheit, Wohlgefühl und Stimmigkeit?	Ist es schön und harmonisch?
	Wie fühlt es sich an?
Ist es ethisch, sozial, gerecht?	Wie akzeptiert im Team im Vergleich zu Alternativen?
Steigert es die Motivation und Freude?	

Implizite Entdecker-/Fortschritts-Fragen

Geben Sie mit Ihren Argumenten Antworten auf seine Fragen:

Was genau ist es?	**Wie genau mache ich es?**
Ist es innovativ/neu?	Wie wenig habe ich mit der Implementierung zu tun?
Ist es anders?	
Was ist einzigartig?	Wer kümmert sich für mich um die lästigen Details?
Warum soll ich es haben/machen?	Wie faszinierend ist es? Wie viel Spaß macht es?
Macht es mich innovativ?	
Differenziert es mich vom Wettbewerb?	Wie aufregend im Vergleich zu Alternativen?
Macht es mich einzigartig?	Wie sieht das Design aus?
Steigert es meinen Spaß?	

Die impliziten Fragen der unterschiedlichen Entscheidertypen

Bezwingen Sie Ihren Autopiloten – beantworten Sie die impliziten Fragen Ihrer Zuhörer

Erfolgreiche Kommunikatoren tappen also nicht in die Falle, in die 80 Prozent der Menschen tappen: weiterhin auf das eigene Antriebs- und Belohnungssystem einzuzahlen. Sie vermeiden die Egofalle, aber auch die Experten- und Fleißfalle. In der Sprache der Neurowissenschaft heißt das dann, Sie argumentieren nicht im Autopilotmodus (das eigene unbewusste limbische Programm), sondern Sie schalten Ihren Piloten an (Ihr Großhirn) und erweitern bewusst Ihre limbischen Grenzen. Sie lernen in der Sprache des anderen zu sprechen, ein zwei Schritte auf den anderen zuzugehen, um Resonant und Verbindung zu erzeugen.

Sie fragen nicht: »Was hat mich überzeugt?« – im Beispiel unten sind es folgende Werte: neue Wege gehen, Faszination, Spannung, Abwechslung.

Beispiel: »Ich überzeuge meinen Vorgesetzten und das Team von meiner Idee, diesen Kunden zu gewinnen! Meine Idee: neue Wege gehen. Statt langweiliger PowerPoint-Präsentationen beim Kunden laden wir den Kunden ins Headquarter zu einer spannenden und faszinierenden Stationen-Präsentation ein«.

Sie fragen: »Was kann mein Gegenüber überzeugen?«

Und Sie wissen, dass dieser ganz andere Entscheidungskriterien und Belohnungsmuster haben kann als Sie selbst. Deshalb übersetzen Sie Ihr Ziel in den Nutzen, den dieses Ziel für Ihr Gegenüber hat. Ihre Sätze fangen nicht mit »Ich ... Ich ... Ich ...« oder »Wir ... Wir ... Wir« an, sondern Sie nutzen die Zauberworte »Für Sie ... für das Team ... für das Unternehmen«, »Damit Sie noch mehr ...«

Mit der limbischen Ad-hoc-Pyramide können Sie Ihre Argumentation genau auf die bewussten und unbewussten Fragen Ihre Zuhörer abstimmen. Alles, was Sie sagen, wird relevant und interessant für Ihre Zuhörer sein. Ihre Argumentation vermeidet Dissonanz und erzeugt Resonanz.

Wir müssen also heutzutage nicht im Nebel stochern und wild mit Argumenten um uns werfen in der Hoffnung, dass eines trifft. Die Gehirnforschung kann uns nämlich ganz genau zeigen, wie unsere Worte und Argumente präzise wirken. Dass wir das Werte- und Belohnungssystem getroffen haben, erkennen wir an der Reaktion des Gegenübers, vor allem an seiner Körpersprache. Er kommt näher, sein Gesicht entspannt sich, seine Augen fangen an zu leuchten, er nickt. Das Belohnungssystem ist angesprungen, kurbelt nun positive Botenstoffe und markiert Ihre Botschaft mit diesen positiven Emotionen.

Gute Kommunikatoren suchen drei bis vier treffende Argumente aus, die präzise das Werte- und Belohnungssystem ihres Gegenübers treffen.

Limbische Deklination von Argumenten
Beispiel 1: Sicherheit
Angenommen, Ihr Vorgesetzter mag keine neuen Ideen und möchte auch kein Risiko eingehen. Dann wäre es kontraproduktiv, von Dingen wie »neue Wege gehen, Faszination, Spannung, Abwechslung« zu sprechen. Solche Argumente würden nicht das Belohnungs-, sondern das Bestra-

fungssystem Ihres Vorgesetzten berühren, der »neu« unbewusst mit »Risiko« gleichsetzt. Eine derartige selbstbelohnende Argumentation würde bei Ihrem Vorgesetzten zu Widerstand und Ablehnung führen, denn seine Werte heißen Sicherheit, Kontrolle und Vorsicht. In diesem Fall wäre es sinnvoller, folgendermaßen zu argumentieren beziehungsweise zu präsentieren:

1. *Eine Stationen-Präsentation macht die Auftragsgewinnung sicherer, weil ...*
   An dieser Stelle führen Sie eine bestimmte Studie als Beleg an.
2. *Wir haben die Kontrolle über den Ablauf, weil ...*
   Hier zeigen und erläutern Sie den genauen Plan.
3. *Wir können nichts falsch machen, denn auch die Mitbewerber nehmen Abstand von PowerPoint-Folienschlachten, weil ...*
   Hier führen Sie eine Benchmark an.

Beispiel 2: Gewinn

Angenommen, die Werte des Vorgesetzten sind Gewinn, Funktionalität und Präzision: Es wäre dann viel sinnvoller, so zu argumentieren und zu präsentieren:

1. *Rechnet sich, denn wir können 28,5 Prozent mehr Kunden gewinnen, weil ...*
   Belegen Sie hier mit einer Statistik.
2. *Diese Methode funktioniert, weil ...*
   Zeigen Sie jetzt die Ergebnisse der Medienforschung.
3. *Eine Stationen-Präsentation macht die Auftragsgewinnung präziser, weil ...*
   Führen Sie hier die Studie der University of California auf.

Beispiel 3: Verbundenheit

Angenommen, die Werte des Vorgesetzten sind Wohlbefinden, Verständnis und Nähe: Es wäre viel sinnvoller, so zu argumentieren und zu präsentieren:

1. *Bei einer harmonischen und schönen Stationen-Präsentation in unserem Haus fühlen sich Mitarbeiter und Kunden wohl.*
   Erzählen Sie hier eine Geschichte (Storytelling) von einem glücklichen Kundenerlebnis.
2. *Es ist ganz einfach, weil Austausch und Dialog automatisch gefördert werden und wir den Kunden viel besser verstehen werden ...*
   Erinnern Sie an ein Beispiel, wie danach ein Produkt noch besser gemacht wurde.
3. *Und wir stellen eine ganz tiefe Nähe zum Kunden her, unser Unternehmen bekommt ein sympathisches Gesicht ...*
   Erzählen Sie mit Herzlichkeit und Wärme in Stimme und Körpersprache.

Beispiel 4: Entdeckung

Angenommen, die Werte des Vorgesetzten sind neue Wege, Faszination, Spannung. Bei diesem Vorgesetzten decken sich Sender- und Empfängerwerte, und hier, und nur hier, kommen selbstbelohnende Argumente ins Spiel:

1. *Mit einer innovativen Methode neue Wege und Differenzierung im Wettbewerb erreichen.*
   Nutzen Sie hier eine Analogie: In unseren Hallen steht auch kein veralteter Maschinenpark – so auch bei Präsentationen. Nicht präsentieren wie in den 1980er-Jahren – auch hier innovative Wege nutzen, um die Nase vorn zu haben.

2. *Wir werden den Kunden begeistern mit einer spannenden und auf-regenden Route.*
   Malen Sie an dieser Stelle die Route auf das Flipchart beziehungs-weise auf ein Blatt Papier (das Big Picture).
3. *Abwechslungsreiche Stationen mit interessanten Events, um Kun-den von uns zu faszinieren.*
   Laden Sie an dieser Stelle Ihr kreatives Publikum zum Ideenpopcorn/ Brainstorming ein und sammeln Sie am Flipchart fesselnde Event-Ideen für jede Station (die anderen mit einbeziehen/Interaktion).

Was den einen fasziniert – lässt den anderen kalt oder regt ihn furcht-bar auf. Was ein Mensch denkt und wie er denkt, ist untrennbar mit seinen dominanten unterbewusst arbeitenden Belohnungsprogrammen, den sogenannten limbischen Instruktionen im limbischen System ver-bunden. Je nachdem, welche Codierung am stärksten ausgeprägt ist, ergeben sich vier Teilnehmertypen und deren Mischformen.

Nun kommt es zu der Situation, dass das, was für einen Typ einen Wert darstellt, für den anderen Typ ein Antiwert ist. Ganz besonders aus-geprägt ist dies bei
- Gewinn versus Gemeinschaft
- Sicherheit versus Entdeckung

Aber auch andere Kombinationen reden unbewusst gerne aneinander vorbei. Sie treffen vielleicht nicht gerade den Antiwert (zum Beispiel »neu« bei Controller versus Visionär), aber sie verfehlen die Werte und erreichen ihr Gegenüber nur »lauwarm« – es kommt zu Vertagungen, Verschiebungen, halbherzigen Umsetzungen oder es erzeugt schlicht Langeweile.

Beispiel: *Stellen Sie sich im oberen Beispiel vor, der Visionärs-Sender hätte bei einem Controller- oder Gewinnerempfänger selbstbelohnend argumentiert wie im Beispiel 4. Können Sie sich lebhaft die Reaktion seines Vorgesetzten vorstellen?*

- *»Für solche Spielereien haben wir keine Zeit!«*
- *»Viel zu aufwendig und teuer!«*

wären typische Antworten auf eine sehr gute, aber sehr falsch kommunizierte Idee geworden.

Aber auch die Präsentation eines nüchternen Zahlenmenschen vor einem Einfühlsamen kann in die Hose gehen.

- *»Das ist emotional gar nicht intelligent. Der Kunde erwartet, dass wir ihn besuchen!«*
- *»Der persönliche Besuch ist wichtig für eine tiefe Beziehung!«*

könnte dann das typische Abschmettern eines beziehungsorientierten Vorgesetzten lauten.

Der Empfänger im Autopilot-Modus erntet statt Wert(!)schätzung und Anerkennung nur Missbilligung und Ablehnung. Unbewusste Kommunikation schadet auch dem Team und dem Unternehmen. Viele Konflikte haben hier ihren Ursprung und viele gute Ideen bleiben genau hier auf der Strecke. Das ist der Grund, warum erfolgreiche Unternehmen sich immer intensiver mit Gehirnforschung und Diversity beschäftigen und ihre Kommunikationstrainings darauf aufbauen.

Argumentieren bedeutet, eigene Ziele und Ideen in die Sprache der anderen zu übersetzen. Der Ursprung der Unterschiedlichkeit ist tief in der Persönlichkeit verankert und nicht willkürlich. Limbische Fragen sind unter normalen Umständen unveränderbar und uns gar nicht bewusst.

Sie werden von tiefen unbewussten Zentren und Programmen im Gehirn gesteuert, und sie steuern uns in jeder Sekunde (Häusel: 2003 ff.) . Sie steuern jede kleine und große Entscheidung, was wir morgens anziehen, ob wir die Präsentation eines Lieferanten gut finden, welchen Beruf wir lernen. Diese Werte lassen sich klassifizieren, naturwissenschaftlich beschreiben und funktionieren nach klaren Regeln. Mit diesen vier Kategorien und Regeln können Sie im Nu aus dem Stegreif eine treffende Argumentation erzeugen.

Die Limbic Pitch – alle Teilnehmertypen im Nu erreichen

Da das Belohnungsprogramm Ihrer Zuhörer vielleicht ein anderes ist als Ihres, ist es wichtig, die Botschaft auf das bevorzugte Programm Ihrer Zielgruppe abzustimmen. Und da bei Meetings oft viele Menschen anwesend und wir alle im Besitz aller Instruktionen sind (nur in unterschiedlich starker Ausprägung), empfiehlt es sich, möglichst alle limbischen Instruktionen anzusprechen. Nun kommen wir zu einer der stärksten Waffen, die Sie in diesem Buch kennenlernen: zu der Limbic Pitch. In der Limbic Pitch sprechen Sie in einer Pyramide nacheinander alle vier Belohnungsprogramme an. Dadurch wird sichergestellt, dass für jeden ein treffendes Argument dabei ist und dass Ihre Präsentation mit limbischer Begehrlichkeit aufgeladen wird. In einer limbischen Ad-hoc-Pyramide werden also alle vier Typen »belohnt« und somit überzeugt, motiviert und begeistert. Schauen wir uns das Vorgehen an einem Beispiel an.

Beispiel: Limbic Pitch – alle vier limbischen Argumente in einer Pyramide

Angenommen, wir kennen die Werte des Vorgesetzten nicht, weil wir neu in der Abteilung sind, einfach noch nie darauf geachtet haben (Experten-falle, Fleißfalle, Egofalle, Spontanfalle) oder weil wir vor einer unbekann-ten Gruppe präsentieren. Es wäre in diesen Fällen sehr sinnvoll, alle vier Typen anzusprechen.

1. *Gewinn/Durchsetzung: Rechnet sich, da die Kundegewinnungsquote um 28, 5 Prozent steigt.*
2. *Sicherheit/Kontrolle: Sichert uns Kontrolle über Kundengewin-nungsprozess.*
3. *Verbundenheit/Gemeinschaft: Vertieft die Beziehung zum Kunden.*
4. *Entdeckung/Fortschritt: Fasziniert und begeistert neue Zielgruppen, und wir haben in Zukunft die Nase vorne.*

Warum soll ich es tun?			
Mehr Gewinn	**Mehr Sicherheit**	**Mehr Verbundenheit**	**Mehr Innovation**
Schneller	Einfacher	Schöner	Inspirierender
Intelligent	Bewährt	Gerecht	Innovativ
Rechnet sich	Weniger Fehler	Mehr Zufriedenheit	Zukunftssicher
Steigert Gewinne	Vereinfacht Prozesse	Gefällt Mitarbeitern	Begeisterndes Design
Effektiv	Effizient	Elegant	Einzigartig
Mehr Ressourcen	Mehr Kontrolle	Mehr Anziehung	Mehr Spaß
Verhindert Verluste	Verhindert Krankheit	Verhindert Einsamkeit	Verhindert Langeweile

Implizite limbische Fragen nach Belohnung

Limbic Pitch: Argumentationsturbo, der immer, überall und sicher funktioniert.
Bildquelle: Max Ott

Die Reihenfolge ist dabei sehr wichtig, vor allem, wenn Sie in Business-Kontexten argumentieren.

1. **Gewinner-Argument.** Steigen sie mit dem Gewinner-Argument ein und zeigen Sie zuerst, dass und wie sich Ihre Idee rechnet. Return-Argumente sind in der Geschäftswelt die stärksten. Wenn Ihr Gegenüber verstanden hat, dass Ihre Idee ihm Gewinne bringt, dann wird er Ihnen wohlwollend weiter zuhören. Auch wenn Sie Experte sind, vergessen Sie nie den unternehmerischen Aspekt Ihrer Ideen. Für Gewinner/Gewinn-Argumente benötigen Sie Zahlen, vor allem Gewinnerzahlen. Rechnen Sie diese Zahlen immer hoch, sodass eine stolze Summe entsteht (ganze Laufzeit, alle Serien etc.). Erkundigen Sie sich nach typischen Stundenlöhnen (Fachkraft, Experte etc.), denn die benötigen Sie oft, um schnell und ad hoc die Einsparungen hochzurechnen.

2. **Sicherheits-Argument.** Beruhigen Sie dann den Controller-Typ und widmen Sie ihm das zweite Argument. Geben Sie viel Sicherheit, indem Sie jetzt zeigen, wie geplant und kontrolliert Ihre Lösung ist. Zeigen Sie, dass Sie an alle Risiken gedacht und eine Absicherung eingebaut haben.

3. **Verbundenheits-Argument.** Das dritte Argument richtet sich nun an den beziehungsorientierten Typ. Hier zeigen Sie auf, welche menschlichen Vorteile Ihre Lösung hat, wie sie sich auf das Team und das Miteinander, auf die Beziehung zum Kunden, zur Gesellschaft, auf die Ökologie auswirkt. In Zeiten, in denen Unternehmen Mitarbeiter suchen, gewinnt es an Stärke – in Zeiten, in denen die Arbeitslosigkeit hoch ist, verliert es an Stärke. Es zieht auf alle Fälle dann, wenn dem Entscheider der Teamgedanke und das Mitmenschliche sehr wichtig sind, weil er oder sie davon überzeugt ist, dass nur glückliche Mitarbeiter gute Mitarbeiter sind.

4. **Entdecker-Argument.** Enden Sie visionär mit einem Blick in die Zukunft. Zeigen Sie zum Schluss das Besondere und Einzigartige Ihrer Lösung auf, begeistern Sie mit Einzigartigkeit und Innovation. Nennen Sie den USP, das Alleinstellungsmerkmal Ihrer Idee.

TIPP

Wenn Sie nur 3 Minuten Zeit haben für Ihre Ad-hoc-Präsentation, dann formulieren Sie Ihr Tun-Ziel und eine Limbic Pitch. Beginnen Sie jeden Ihrer vier Sätze mit einem limbischen Verb: zum Beispiel (1) gewinnen, (2) absichern, (3) vertiefen, (4) begeistern oder (1) erhöhen, (2) garantieren, (3) unterstützen, (4) erweitern. Lernen Sie einige limbische Adjektive und Verben auswendig (siehe Tabelle), sodass Sie sie jederzeit, auch in den größten Stress-Situationen, parat haben. Mit dem Tun-Ziel und der Limbic Pitch haben Sie zwei der schnellsten und effektivsten Überzeugungsmittel, die Sie im Nu vorbereiten können und mit denen Sie sicher treffen. Damit sind Sie den meisten Kollegen und Mitbewerbern voraus und können jederzeit und ad hoc Ihre Idee durchsetzen und Ihr Ziel erreichen.

	Gewinner	Controller	Gefühlvoller	Visionär
Verben	steigern	sichern	beglücken	erweitern
	profitieren	stabilisieren	verschönern	ermöglichen
	optimieren	vorsorgen	abstimmen	voranbringen
	gewinnen	kontrollieren	verbinden	inspirieren
	erreichen	steuern	vertiefen	beeindrucken
	rechnet sich	garantieren	strahlen	auswählen
	straffen	planen	freuen	begeistern
	erzielen	im Griff haben	lieben	erforschen
Adjektive	lukrativ	bewährt	bequem	innovativ
	durchdacht	getestet	harmonisch	flexibel
	erstklassig	strukturiert	schön	einzigartig
	führend	garantiert	weich	individuell
	präzise	sicher	freundlich	schrill

Beispiele für limbische Schlüsselworte, um treffende Argumente zu erzeugen

Geben Sie mit der Limbic Pitch ein rundes Bild der Dinge und strukturieren Sie, indem Sie einmal einen Rundgang durch alle Denkstile machen. Bedenken Sie, dass 48 Prozent der Kunden multidominat sind, also drei bis vier Denkstile präferieren. Die Limbic Pitch empfinden alle Entscheider als außerordentlich überzeugend, denn sie spricht automatisch ihren Wert an und nennt noch weiteren limbischen Zusatznutzen. Dadurch werten wir unsere Argumentation auf und laden sie mit limbischer Begehrlichkeit auf: mit der Aussicht auf viel Belohnung, mit Aussicht auf viel von dem, was Ihrem Gegenüber wichtig und wertvoll ist.

TIPP Die Limbic Pitch lässt sich auch als Indikator einsetzen, um herauszubekommen, um welchen Typ es sich bei Ihrem Gegenüber handelt. Gerade in Ad-hoc-Situationen, in denen Sie keine Möglichkeit haben, am Anfang die Wertelandkarte Ihres Kunden zu erforschen. Starten Sie mit der kurzen Limbic Pitch und beobachten Sie bei jedem der vier Argumente Ihr Gegenüber. Wann leuchten seine Augen, wann öffnet er sich? Machen Sie dann eine lange Sprechpause und warten Sie ab, in welche Richtung das Gespräch geht. Dann wissen Sie, bei welchen Werten sein Belohnungssystem anspringt, und wie Sie Resonanz erzeugen können.

Bei der Limbic Pitch unterscheiden wir zwei Varianten: die allgemeine und die individuelle. Immer dann, wenn Sie die Werte Ihres Gegenübers nicht kennen, oder wenn Sie vor unbekannten Gruppen sprechen dürfen, verwenden Sie idealerweise Elemente aus allen vier Codierungen und formulieren eine allgemeine Limbic Pitch. Wenn Sie die Werte Ihres Gegenübers kennen oder antizipieren können, dann formulieren Sie die individuelle Limbic Pitch.

Die allgemeine Limbic Pitch

Die allgemeine Limbic Pitch ist eines der besten Überzeugungsmittel überhaupt. Denn sie garantiert Ihnen mindestens einen, aber meisten noch mehr Treffer, denn die meisten Entscheider sind multidominant. Wir alle sind im Besitz aller limbischen Belohnungsprogramme, nur in unterschiedlicher Stärke. Die Limbic Pitch lädt Ihre ganze Argumentation mit Belohnungen auf. Gerade in Ad-hoc-Situationen, in denen wir uns nicht vorbereiten können, ist sie Gold wert. Sie machen immer, überall und im Nu alles richtig, wenn Sie vierfach belohnend argumentieren.

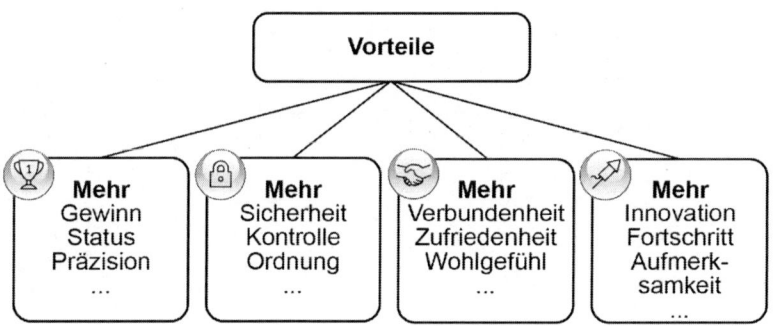

Allgemeine Limbic Pitch: Wenn Sie Ihr Gegenüber nicht kennen oder vor vielen Menschen sprechen. Bildquelle: Max Ott

Individuelle Limbic Pitch

Wenn Sie Ihre Gegenüber gut einschätzen können oder vor einem homogenen Teilnehmerkreis sprechen, dann stimmen Sie Ihre Argumentation auf die vorherrschenden Werte ab. Wenn Sie Zeit haben zu einer Werte-Recherche, dann tun Sie es. Werte sollte jeder erfolgreiche Kommunikator im Vorfeld recherchieren, wenn ihm das möglich ist. Fragen Sie Ihr Gegenüber im Gespräch »Was ist Ihnen wichtig? Worauf legen Sie

großen Wert? Was darf auf keinen Fall sein? Was mögen Sie gar nicht?«
Sie ist hervorragend für kurze Verkaufspräsentationen geeignet, wenn
Sie im Vorfeld Zeit für eine Kundenergründung oder Recherche haben.
(Mehr dazu in meinem Buch *Sell Limbic*, Hermann-Ruess: 2007.)

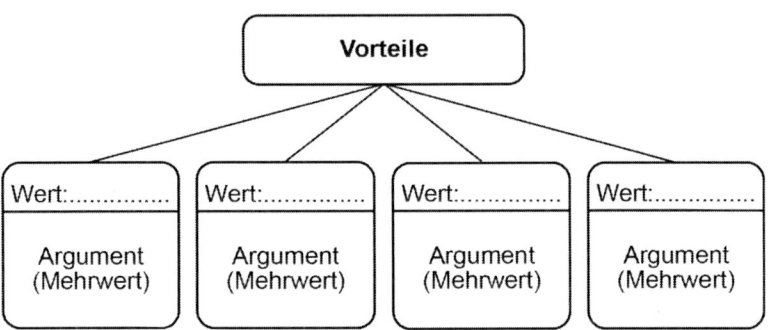

Individuelle Limbic Pitch: wenn Sie die Werte Ihrer Zuhörer kennen, recherchieren oder
antizipieren können. Bildquelle: Max Ott

Einleuchtend präsentieren. Verpacken Sie Ihre Botschaft griffig

Belegen und beweisen Sie Ihre Aussagen

Im vorigen Kapitel haben wir mit der Pyramide relevante und überzeugende Botschaften hergestellt. Würden Sie einfach diese Botschaften als Text auf einer Folie visualisieren, würden Sie Ihr Gegenüber zutexten oder reine Text-Bullet-Charts produzieren. Das jedoch ist die Ursache der meisten Kommunikationsfallen (Experte, PowerPoint, Fleiß, Spontan, Ego) und ist nicht überzeugend.

Stellen Sie sich vor Steve Jobs hätte das iPhone so vorgestellt:

Wir bieten Ihnen:

- Konzeption und Realisierung von mobilen Endgeräten ausgerichtet auf Ihren emotionalen Bedarf
- Entwicklung intuitiver Softwarearchitekturen
- Design und Entwicklung von sehr schönen mobilen Geräten
- Applikationen zur mobilen Nutzung von Systemlandschaften
- Haptischer Mehrwert durch Touch-Screen

Referent: Steve Jobs   23.September 2007   >>Apple GmbH

Death by PowerPoint. Hätte Steve Jobs mit so einer Bleiwüste und solchen Wortmonstern präsentiert, wäre sein Unternehmen nicht zu einem der wertvollsten Unternehmen der Welt aufgestiegen. Bildquelle: Max Ott

Erinnern Sie sich an seine Präsentation des neuen MacBook Air (auf der Internetseite zum Buch können Sie sich das Video anschauen, www. hermann-ruess.de). Er redete nicht nur davon, dass es das neue Mac-Book Air in 11,6 und 13,3 Zoll gibt, dass es 1,06 kg wiegt und es eine Stärke von 1,7 cm hat. Nein. Das wären nur dürre Zahlen, Fakten und unerotische Produktmerkmale.

Was Steve Jobs ebenfalls vermieden hat, war, nun diese unerotischen Produktmerkmale mit einem noch unerotischeren textlastigen hässlichen Chart aufzuzählen. Er wusste, dass kaum ein Medium sich besser dazu eignet, Aufmerksamkeit zu zerstören, Wirkung zu vernichten und Überzeugungskraft zu verhindern wie Bullet-Charts.

Statt dürre Produktmerkmale mit textlastigen Charts zu präsentieren, ging Steve Jobs ganz anders vor. Er machte seine Botschaft sinnlich evident. Er transportierte sie anschaulich und griffig zugleich mit einer genialen rhetorischen Inszenierung. Erst am Ende seines Vortrags – nachdem er eine unglaubliche Spannung aufgebaut hatte – zeigte er das ultradünne Notebook. Langsam zog er es aus einem A4-Briefumschlag und bewies so faszinierend, beindruckend und begeisternd seine Kernbotschaft: »Unser neues Notebook ist ultradünn«.

Die Frage, die sich nun stellt, ist: Wie können Sie genauso präsentieren wie Steve Jobs? Mit welchen Mitteln können Sie mit Ihren Aussagen Ihr Gegenüber regelrecht packen? Was hilft Ihnen, Ihre Aussagen einleuchtend, griffig und anziehend zu verpacken?

Die Mittel, die dieses Wunder bewirken, heißen Evidenzmittel.

The world's thinnest notebook

Steve Jobs beeindruckende anschauliche und griffige Verpackung der Kernbotschaft »Das dünnste Notebook der Welt«. Bildquelle: M. Caimary (Creative Commons)

Machen Sie Ihre Aussagen sinnlich evident

Evidenz bezeichnet das dem Augenschein nach Unbezweifelbare, das durch unmittelbare Anschauung oder Einsicht Erkennbare.

Evident ist ein Sachverhalt, der unmittelbar ohne besondere methodische Aneignung klar auf der Hand liegt.

Evidenzmittel machen Inhalte einleuchtend und erhöhen die Beweiskraft einer Argumentation. Evidenzmittel sind sinnliche Beweise und Belege, dass die Aussage stimmt: Statistiken, Fallbeispiele, Demonstrationen, Abbildungen, persönliche Erfahrung, Experimente etc.

Sinnliche Beweise sprechen Auge, Ohr und taktilen Sinn an, sind also entweder visuell (zum Beispiel Bilder, Videos, Webcam), auditiv (zum Beispiel Storytelling) oder taktil (zum Beispiel Objekte, Demonstrationen). Evidenzmittel machen also eine Aussage glaubwürdig, nachvollziehbar und griffig.

Visuell	**Auditiv**	**Taktil**
Sehen.	Hören.	Machen.

Evidenzmittel beweisen die Richtigkeit einer Aussage anschaulich (visuell), einleuchtend (auditiv) und griffig (taktil). Bildquelle: Max Ott

Evidenzmittel führen im Kopf der Zuhörer zu einem »Aha!«. Sie machen Ihre Präsentation nicht nur glaubwürdig, sondern auch beeindruckend, weil viele Evidenzmittel die Gesamtargumentation emotional stützen.

Beispiel: Ein spannend erzähltes Fallbeispiel hat sowohl belegende Funktion (Evidenzmittel: induktives Argument) als auch unterhaltende Funktion (Highlight: Storytelling).
Ein Zahlenchart kann dazu verleiten, eine spannende Geschichte zu erzählen, mit welchen unserer Heldentaten wir das erreicht haben (Highlight: Success-Story).

Vergessen Sie also 08/15-Aussagen wie »höhere Qualität!«, »maßgeschneiderte Konzepte«, »Kostenreduktion« – die bringen auch alle Ihre Mitbewerber. Unterscheiden Sie sich, indem Sie diese Argumente mithilfe sinnlicher Evidenzmittel so anziehend, anschaulich und faszinierend verpacken, dass ein regelrechter Sog beim Entscheider entsteht: »Das muss ich haben!«

Kanal	Medium	Evidenzmittel
Visuell Sehen.	Computer/Beamer Tablett-PC Flipchart Whiteboard Ausdrucke Unterlagen Bierdeckel/Serviette	Diagramme (Studien, Statistiken, Messungen, Ergebnisse) Struktogramme (Ablauf, Reihenfolgen, Zusammenhänge, Logik, Matrix, Tabelle) Grafiken (Zusammenhänge, Logik, Big Picture) Fotos (Wort-Bild-Koppelung) Zeichnungen, Skizzen Siegel: Testergebnisse, Garantien, Siegel, Referenzen Visualisierte Metaphern
Auditiv Hören.	Stimme Audioübertragung Geräusche	Storytelling Testimonials Dialog/Interaktion Metapher
Taktil Machen.	Objekte Körper Haptik der Unterlagen	Teilnehmer selbst etwas machen lassen Interaktion Übungen Demonstrationen

Visuelle, auditive und taktile Evidenzmittel

Finden Sie für jeden die passende Verpackung

Auch die Verpackungen müssen dem limbischen System gefallen. Suchen Sie auch hier belohnende, also typgerechte Evidenzmittel aus. Lassen Sie sich von der folgenden Liste inspirieren, werden Sie selbst kreativ und achten Sie in einer Präsentation vor mehreren Teilnehmern darauf, Evidenzmittel zu variieren. Wir stellen Ihnen nun beispielhaft für jeden Teilnehmertyp je zwei Evidenzmittel pro Sinneskanal vor.

Beispiele für Gewinner-Inszenierungen: So beeindrucken Sie den logischen Teilnehmertyp.

PowerPoint: PowerRanking- und Sieger-Charts

Visuell
Sehen.

Ihre Diagramme machen die Aussage evident: »Wir gehören zu den Gewinnern – und Sie bald auch!« Der Zuhörer soll sich fragen, wie so ein Erfolg möglich ist, er soll von Ihren Erfolgen oder Ergebnissen beeindruckt sein und sich schließlich wünschen, auch zu den Siegern zu gehören.

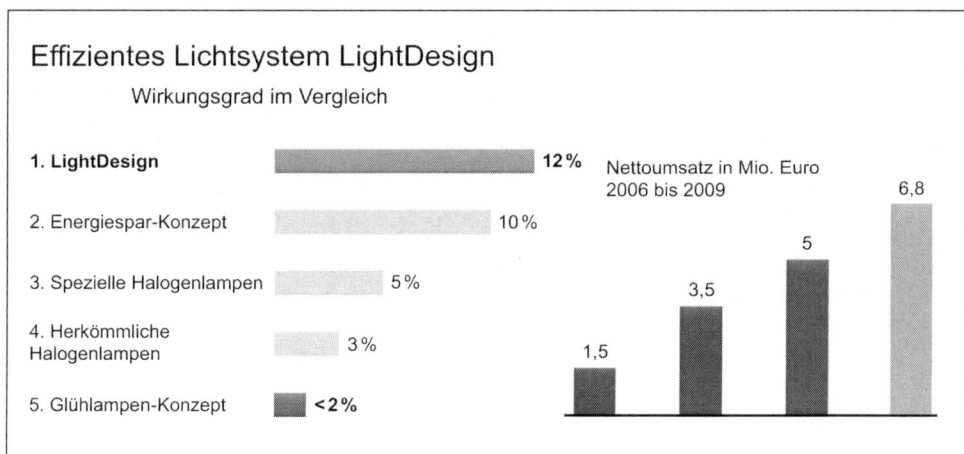

Beispiele für überzeugende PowerPoint-Charts für den Gewinn(er)-Typ

Schließen Sie mit einer rhetorischen Frage an: »Möchten Sie wissen, worauf der große Erfolg beruht?« oder »Und Sie fragen sich jetzt sicherlich: Wie haben wir das gemacht?« Erzählen Sie dazu am besten eine Erfolgsgeschichte (vgl. auditiv).

Durchstreichen der Verlust-Zahl am Flipchart

Geld, Arbeitszeit und Ressourcen allgemein werden ungern verschwendet. Wenn Sie durch ein »Looserranking« oder »rote Zahlen« die Verschwendung darstellen können, haben Sie gewonnen! Drücken Sie den Verlust beziehungsweise die Verschwendung so konkret wie möglich aus, am besten mit einer erschreckenden Verlustzahl. Schreiben Sie diese rot, groß und mit dickem Stift auf das Flipchart und lassen Sie das Flipchart gut sichtbar für alle stehen. Nachdem Sie Ihre Lösung präsentiert haben und in dem Teil der Pyramide angekommen sind, wo Sie dem Gewinner-Typ vorrechnen, dass sich Ihre Lösung rechnet, gehen Sie wieder an das Flipchart und streichen die Verlustzahl demonstrativ dynamisch durch.

Auditiv
Hören.

Kalkulation: das schnelle Hochrechnen im Kopf

Es ist das beste Evidenzmittel im Business-Kontext: das schnelle Hochrechnen von Gewinnen oder vermeidbaren Verlusten. Dazu benötigen Sie das Wörtchen »Angenommen« und einige Kennzahlen. Machen Sie sich noch mit branchenüblichen Stundenlöhnen und Wochenarbeitsstunden vertraut. Am besten sind Return-on-Invest-Argumente. Nutzen Sie Ihre Hände, wenn Sie hochrechnen. Wägen Sie mit der einen Hand den Invest ab – und nutzen Sie dann abwägend die zweite Hand für den Return. Lassen Sie die »Hand-Waage« zugunsten des Returns ausschlagen.

Erfolgsgeschichte erzählen

Erzählen Sie kurze und knackige Erfolgsgeschichten, am besten in Kombination mit aufsehenerregenden Zahlen. Zeigen Sie die Zahl, und dann erzählen Sie, wie Sie dahin gekommen sind. Bauen Sie einen »Goliath« ein oder ein unüberwindbar scheinendes Hindernis. Zeigen Sie, wie Sie mit Intelligenz dieses Hindernis gemeistert und Ihr Ziel erreicht haben. Fragen Sie sich: Welche Erfolgsgeschichte haben Sie oder Ihr Team in letzter Zeit erlebt? Was für Erfolge haben Sie erzielt? Was haben Ihre Kunden Großartiges mit Ihrem Produkt erlebt? Was war der größte Coup? Suchen Sie die beste Geschichte aus, und erzählen Sie sie kurz und knackig.

Business-Quiz: aufsehenerregende Zahl raten lassen

Taktil
Machen.

Finden Sie eine aufsehenerregende Zahl heraus. Rechnen Sie die absolute Zahl hoch. Am besten rechnen Sie die Zahl in Geld um, dies macht Ihre Zahl noch greifbarer und plastischer für Ihr Publikum. Formulieren Sie nun eine Schätz-Frage. »Schätzen Sie, um wie viel Euro gewinnen wir im Jahr, wenn wir Move implementieren?« Machen Sie ein Happening aus dem Ratespiel: Stolz, Sieg, Belohnung, Geschenke für den Gewinner. Möglicherweise können Sie auf dem Flipchart die vorher aufgeschriebene »Verschwendungszahl« mit einer großen Geste durchstreichen und die neue »Gewinnerzahl« dazuschreiben.

Excel-Tabelle in die Hand drücken

Drucken Sie auf dem Weg zur Ad-hoc-Präsentation eine aussagekräftige Excel-Tabelle aus. Verteilen Sie sie an ihre logischen Teilnehmer und lassen Sie sie sich in die Tabelle vertiefen. Schweigen Sie so lange.

Beispiele für Sicherheits-Inszenierungen: So beruhigen Sie den strukturierten Teilnehmertyp

Visuell
Sehen.

PowerPoint: Struktogramme

Struktur erzeugt Ordnung, Verlässlichkeit und Vertrautheit. Durch eine klare Struktur zeigen Sie Ihrem Publikum, dass Sie Ihre Lösung verlässlich geplant haben, auf bewährte Muster zurückgreifen und einen festen Rahmen haben. Achten Sie darauf, dass Ihre Charts sehr aufgeräumt aussehen. Arbeiten Sie mit wenigen Farben, richten Sie alle Elemente an Führungslinien aus, nutzen Sie nur eine Schriftart.

Bildquelle: Max Ott

Zeitvorschlag.

	Jan.	Feb.	Mrz.	Apr.	Mai	Jun.	Jul.	Aug	Sep	Okt.	Nov	Dez.
Limbische Analyse			███	███	███							
Konzepterstellung				██								
Unterlagenerstellung und -ausarbeitung					███	███						
1. Ausbildung						KW 24						
2. Ausbildung									KW 36-44			
Monitoring							███	███	███	███	███	███

■ Hermann-Ruess & Partner
■ Zeitraum für Präsenz-termine

Beispiele für überzeugende PowerPoint-Charts für den Sicherheits-Typ. Bildquelle: Max Ott

Vorher-Nachher-Inszenierung am Flipchart

Zeichnen Sie im oberen Bereich des Papiers umständlich die Ist-Situation. Zeigen Sie, dass ohne Ihre Lösung Chaos herrscht, und malen Sie ein verworrenes Ablaufdiagramm. Erklären Sie dann Ihre Lösung. Zeichen Sie, wenn Sie in dem Teil der Pyramide angekommen sind, der für den strukturierten Typ vorgesehen ist, im unteren Bereich nun ein ordentliches, strukturiertes Bild der Abläufe (geordnetes Ablaufdiagramm). Streichen Sie das Bild vom chaotischen Ist-Zustand durch. Lassen Sie beide Bilder sichtbar für alle am Flipchart stehen. So prägt sich Ihre Kernaussage »Mit unserer Lösung sind Sie auf der sicheren Seite« mit Sicherheit ein.

Beispiele und Referenzen

Erzählen Sie beispielhaft, wie und wo Ihre Lösung schon sicher funktioniert hat. Erzählen Sie von gelungenen Referenzprojekten. Konzentrieren Sie sich dabei auf Ähnlichkeiten (ähnliche Branche, ähnlicher

Auditiv
Hören.

Fall, ähnliches Problem). Legen Sie den Fokus darauf, wie reibungslos Ihre Lösung umgesetzt wurde und wie fehlerfrei sie heute funktioniert.

Vernunfts-Geschichte

Suchen Sie sich zwei extreme Gegenpositionen zu Ihrer Kernbotschaft, die Sie dann als unsicher, unvernünftig und verschwenderisch verwerfen. Sprechen Sie gern und oft von »der Mitte«, von »Balance«, vom »gesunden Menschenverstand«. Mit dem Mittelweg präsentieren Sie nun Ihre eigene wohldurchdachte Lösung des Problems. (Hölle 1: Wieder neue Sau durchs Dorf treiben. Hölle 2: Alles beim Alten lassen und untergehen. Vernünftige Mitte: Vernünftige Weiterentwicklung mit Ihrer Lösung).

Variante 1: Sie verwerfen zwei Lösungswege Ihrer Mitbewerber als untauglich. Präsentieren Sie erst dann Ihren durchdachten und genialen Lösungsweg.

Variante 2: Präsentieren Sie zwei extreme Kostenvarianten. Zuerst die teuere »Eier legende Wollmilchsau« und dann die billige »Ramsch-Variante«. Präsentieren Sie dann Ihre Lösung als vernünftigste preiswerte Mitte.

Taktil
Machen.

Qualität-Tests und Demonstration

Sie lassen Ihre Teilnehmer einen Test ausführen, der die Qualität Ihrer Lösung bestätigt. Die Teilnehmer können nun selbst prüfen, ob Ihre Botschaft stimmig ist. Fragen Sie sich: Wie können Ihre Teilnehmer die Qualität selbst testen?

Schritte-Programm in die Hand drücken

Drucken Sie ein aussagekräftiges Stufenkonzept aus, das Ihre Lösung in sinnvolle kleine Schritte portioniert. Drucken Sie es auf stabilem, hochwertigem Papier aus (zum Beispiel 160-Gramm-Papier) und geben Sie es den strukturierten Teilnehmern am Ende in die Hand zum Mitnehmen und Nachlesen.

Beispiele für Verbundenheits-Inszenierungen: So erreichen Sie den gefühlvollen Teilnehmertyp

PowerPoint: Bilder von Menschen

Zeigen Sie Bilder von Menschen und erzählen Sie eine menschliche Geschichte dazu. Die Gehirnforschung hat nachgewiesen, dass das Belohnungssystem intensiv feuert, wenn wir schöne, glückliche Gesichter ansehen.

Visuell
Sehen.

Beispiele für überzeugende PowerPoint-Charts für den Verbundenheits-Typ

Bilder sagen mehr als tausend Worte! Vertrauen Sie auf die Kraft des Bildes und lassen Sie es für sich sprechen oder Ihre Worte unterstreichen. Suchen Sie in Bildarchiven nach Fotos, indem Sie die passende Emotion ins Suchfenster eingeben, zum Beispiel »glücklich«. Sehr berührend ist es, wenn Sie ein gefühlvolles Bild groß auf eine PowerPoint-Folie ziehen und auf ein transparentes Textfeld eine Lebensweisheit mit schöner Schrift schreiben.

Interaktion am Flipchart

Beziehen Sie Ihr Publikum aktiv mit ein. Mithilfe der Interaktion binden Sie Ihr Publikum noch fester an sich. Sie stellen eine Frage und schreiben die Antworten am Flipchart mit. Gut geeignet für den Anfang, um die Wünsche, Ziele oder Probleme der Teilnehmer zu erfahren: »Was darf auf keinen Fall sein?«, »Was belastet Sie im Moment am meisten?«, »Welche Wünsche haben Sie in Bezug auf ...?«, »Wo sehen Sie Handlungsbedarf?«

Auditiv
Hören.

Geschichte von glücklichen Anwendern Ihrer Lösung (Testimonial)

Erzählen Sie das Problem aus der Sicht der Betroffenen. Lassen Sie unzufriedene Kunden, Mitarbeiter zu Wort kommen. Erzählen Sie lebendig, indem Sie direkte Rede nutzen. Lassen Sie später in der Pyramide, wenn Sie bei dem Ort für den gefühlvollen Teilnehmer angekommen sind, zufriedene Anwender Ihrer Lösung ebenfalls selbst zu Wort kommen. Spielen Sie mit Ihrer Stimme und sprechen Sie, wenn Ihnen das möglich ist, ein wenig im Tonfall der zitierten Personen. Im Nu wird Ihre Präsentation lebendig und menschlich.

Persönliche Aussagen

Unterstreichen Sie Ihre Argumente, indem Sie von persönlichen Erfahrungen, Gedanken und Gefühlen berichten. Geben Sie den anderen einen Einblick in Ihre Beweggründe, sprechen Sie offene Ich-Botschaften aus und legen Sie Ihre eigenen Gedankengänge offen, wie Sie zur Lösung gekommen sind. Erzählen Sie auch über Rückschläge und Tiefpunkte. Verraten Sie, wie Sie sich dabei fühlten. Erzählen Sie, wie es Ihnen jetzt, dank Ihrer Lösung, geht. Sparen Sie auch hier nicht mit Gefühlen.

Austausch/Dialog

Taktil
Machen.

In einer kurzen Ad-hoc-Präsentation mit vielen gefühlvollen Teilnehmern sollten Sie – auch wenn Sie wenig Zeit haben – ein bis zwei Minuten übrig haben, in denen sich alle »informell« austauschen können. Setzen Sie sich hin. Regen Sie einen Austausch unter den Teilnehmern an. Teilen Sie eine große Gruppe in kleine Gruppen ein. Regen Sie danach einen Austausch im Plenum an, sodass Verbundenheit zwischen allen Teilnehmern entsteht.

Handschmeichler in die Hand drücken

Nehmen Sie haptisch ansprechende Objekte und Muster mit: Schöne Farben, Muster, Handschmeichler gefallen der limbischen Verbundenheitsinstruktion. Präsentieren Sie mit dem Tablet-PC, so setzen Sie sich seitlich neben Ihren Gesprächspartner und drücken ihm den Tablet-PC in die Hand. Lassen Sie ihn selbst den Touchscreen bedienen.

Beispiele für Entdecker-Instruktion: So faszinieren Sie den experimentellen Teilnehmertyp

PowerPoint: Visualisierte Metapher (Wort-Bild-Koppelungen)

Visuell
Sehen.

Welche Metapher drückt Ihre Botschaft am besten aus? Suchen Sie in guten Bildarchiven nach dem metaphorischen Bild und machen Sie die Metapher mit einem Foto sichtbar. Unten wird zum Beispiel die Tatsache, dass Botschaften das Belohnungssystem aktivieren mit der Metapher »einzahlen auf das Belohnungssystem« verdeutlicht. Dieses auditive Evidenzmittel wiederum wird visuell deutlich gemacht durch das Foto der Hand, die Geld in ein Sparschwein einzahlt. Beide Folien sind durch einen ganz besonderen »Folien-Übergang« miteinander verbunden, der eher selten eingesetzt wird und so noch die Kraft hat, den experimentellen Teilnehmer zu überraschen. Es handelt sich um den Übergang »Schieben« im Programm PowerPoint (Übergänge/Schieben).

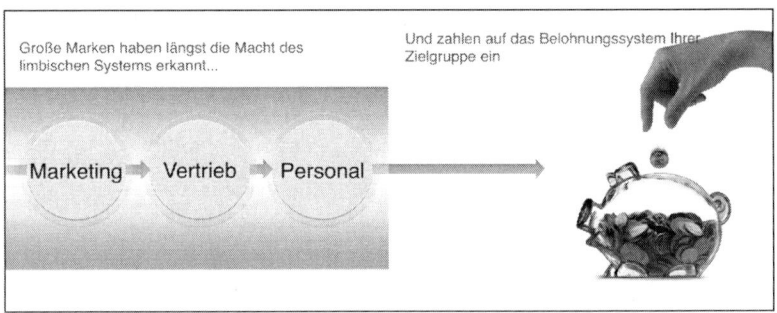

Beispiele für überzeugende PowerPoint-Charts für den Entdecker-Typ. Bildquelle: Max Ott

Live visualisieren am Flipchart, Whiteboard, Tablet-PC oder auf einer
»Serviette«

Visualisieren Sie Ihre Ideen live während Sie sprechen. Lassen Sie sich hierzu beispielsweise von Dan Roams Buch *Auf der Serviette erklärt* inspirieren.

Je ungewöhnlicher das Medium, auf dem Sie visualisieren, umso reizvoller ist dies für Ihren experimentellen Zuhörer. Es kommt dabei nicht auf Perfektion an. Es kommt darauf an, den bevorzugten sinnlichen Kanal des experimentellen Typs zu aktivieren: das Auge. Bedenken Sie, dass an vielen Menschen Worte einfach vorbeirauschen, während Bilder sofort greifen. Lernen Sie Grundlagen des Visualisierens kennen (Strichmännchen, Struktogramme, Emoticons, Icons ...). Es ist viel einfacher, als Sie vielleicht denken – mit ein bisschen Übung können Sie dann ad hoc mit wenigen Strichen beeindrucken!

Fantasie anregen

Entführen Sie Ihre Zuhörer in den »Himmel«. Machen Sie dadurch Lust auf die Lösung: »Stellen Sie sich Ihre Zukunft vor, wenn Sie mit diesem Konzept arbeiten ...«; »Angenommen, wir machen das. Dann werden Sie erleben wie herrlich ...« »Angenommen, wir befinden uns im Jahr 2030, welche Entwicklungen ...«

Auditiv
Hören.

Nutzen Sie Metaphern und Analogien

Der experimentelle Mensch liebt Bilder. Holen Sie ihn deshalb mit sprachlichen Bildern ab. Nutzen Sie folgende Sätze um passende Bilder zu finden: »Das ist das Gleiche wie ...«; »Das ist so ähnlich wie ...«. Statt nichtssagenden Worte, abgedroschener Phrasen und 08/15-Argumenten wählen Sie lieber prägnante Bilder.

Machen Sie ein Brainstorming

Auch in Ad-hoc-Präsentationen können Sie ein kurzes ein- bis zweiminütiges Brainstorming initiieren. Experimentelle Teilnehmer lieben es, selbst Ideen zu entwickeln. Nutzen Sie dieses Potenzial, um Ihre eigene Lösung noch besser zu machen. Fragen Sie beispielsweise nach: Was können wir in der Online-Akademie tun, um unsere Kunden zu begeistern und zu verblüffen? Lassen Sie Ihre Teilnehmer die Ideen aufschreiben oder schreiben Sie sie auf Zuruf am Flipchart mit.

Taktil
Machen.

Drücken Sie ihm eine Übersichtsdarstellung in die Hand

Wann immer möglich, versuchen Sie gerade in Ad-hoc-Präsentationen Ihr gesamtes Konzept so zu verdichten, dass es auf einen Bierdeckel passt. Dieses »Big Picture« (vgl. nächster Abschnitt) drucken Sie aus und geben es dem experimentellen Teilnehmer mit. Er wird es lieben, da es seinem großflächigen Denkstil entspricht, der nichts so sehr ablehnt wie kleinkarierte Details.

Die besten Evidenzmittel für sehr kurze Ad-hoc-Präsentationen: Big Picture und visualisierte Limbic Pitch

Nicht alle oben aufgezählten Evidenzmittel eignen sich für ultrakurze Präsentationen. Wenn Sie nur sehr wenig Zeit haben – sei es in der Vorbereitung, sei es beim Präsentieren – kommt es darauf an, sich auf sehr verdichtete Evidenzmittel zu konzentrieren. Zwei dieser ultraprägnanten Mittel möchten wir Ihnen ans Herz legen: das Big Picture und die visualisierte Limbic Pitch.

Verdichten Sie Ihre Visualisierung auf einem Big Picture (»Bierdeckel-Präsentation«)

Wenn es eine Möglichkeit gibt, Ihr gesamtes Konzept in einem Strukturbild abzubilden, dann stellen Sie dieses Bild her. Drucken Sie das Big Picture aus und legen Sie es später in die Mitte des Meeting-Tisches. So schaffen Sie einerseits im Nu eine Mitte, Verbundenheit und Interesse. Auf der anderen Seite erfassen alle mit einem Blick, worum es geht.

Beispiel: Im Beispiel aus Kapitel 4 (Stationen-Präsentation) wäre das ein Ablaufdiagramm das die verschiedenen Stationen auf einem Bild zeigt.
Sie zeigen auf das Big Picture: »Erste Station – Entwicklungsabteilung.«
Dann erzählen Sie mit Blickkontakt und lebendiger Gestik, welches Ziel und welche Wirkung diese Station im Überzeugungsprozess des Kunden hat.
Es folgt eine kurze Pause.
Dann zeigen Sie wieder darauf: »Zweite Station – Modellbau« usw.

Für Ad-hoc-Situationen sollen Sie sich immer wieder fragen: Welche Visualisierung zeigt auf einen Blick das Ganze? Es eignen sich vor allem hierzu:

TIPP

- Übersichtsdarstellungen (Matrix, Tabellen)
- Zahlenläufe (viele Diagramme auf einen Blick)
- Strukturbilder (Kreisläufe/Ablaufpläne)
- Detail-Bilder von Produkten

Wichtig ist, dass das Big Picture Sie bei allen Botschaften und Ebenen Ihrer Pyramide unterstützt.

Beispiel: Wenn wir bei unserem Big Picture mit dem Ablauf der Stationen bleiben, dann könnten Sie an diesem einen Bild zeigen:
- *Was die Stationen-Präsentation ist (Was-Pyramide)*
- *Welche Vorteile sie hat (Warum-Pyramide)*
- *Wie die Lösung genau aussieht (Wie-Pyramide)*

Wenn Sie zehn Minuten Zeit haben vor Ihrer Ad-hoc-Präsentation: Formulieren Sie Ihr Tun-Ziel, entwerfen Sie eine allgemeine Limbic Pitch und drucken Sie das Big Picture aus. Mehr brauchen Sie nicht, um Ihr Gegenüber zu beeindrucken und für sich zu gewinnen.

TIPP

Fast jeder von uns präsentiert ad hoc nur die Themen, für die er Experte ist. Somit befindet sich auf unserer Festplatte viel Material hierzu. Auch wenn wenig Zeit ist: Drucken Sie das eine Chart auf hochwertigem Papier aus, das besonders wichtig ist, oder nehmen Sie es auf einem Tablet-PC mit. Fragen Sie sich »Was kann ich visualisieren oder materialisieren?«.

Das sind genau die Bilder, die sie schnell produzieren und ausdrucken, wenn Sie ein wenig Zeit haben. Wenn Sie gar keine Vorbereitungszeit haben, dann skizzieren Sie das Big Picture auf das Flipchart oder schnappen Sie sich im Notfall eine Serviette und malen Sie es live darauf. Ganz hervorragend eignen sich die Tablet-PCs für Ad-hoc-Präsentationen. Mit Ihnen sind Sie immer und überall gerüstet, um Ihr Big-Picture oder Ihre visualisierte Limbic Pitch (vgl. nächsten Abschnitt) schnell zu zeigen oder es mit einem Alu-Pen und einem Zeichen-Programm live während der Präsentation zu erstellen. Mehr dazu im Kapitel 7.

Gewinnen Sie mit nur vier Charts alle Teilnehmer – die visualisierte Limbic Pitch

Es ist ganz einfach, mit der Limbic Pitch schnell und ad hoc eine treffende und begeisternde Präsentation zu gestalten. Sorgen Sie dafür, dass sich auf Ihrem Notebook (noch besser Tablet-PC) vier limbische Charts befinden. Präsentieren Sie kurz und knackig Ihre Limbic Pitch. Wählen Sie wenige, aber treffende Kernbotschaften aus. Im unteren Beispiel mit der Innenarchitektin und Ihrem Konzept LightDesign sind es: (1) lukrativ, (2) bewährt, (3) glücklich und (4) einzigartig. Inszenieren Sie diese wenigen limbischen Kernbotschaften limbisch verführerisch, indem Sie sie sinnlich evident machen mit einer typgerechten visuellen »Verpackung«.

Beispiel

Angenommen, Sie sind Innenarchitektin und müssen immer wieder unterschiedliche Menschen oder gemischte Gruppen (Männer, Frauen, jung, alt, Geschäftsführer, Controller, Facilitymanager, Inhaber, Mitarbeiter, Betriebsräte ...) für Ihr Lichtkonzept »LightDesign« gewinnen. Dann wäre es hilfreich, wenn nicht nur Ihre Kernbotschaften, sondern auch Ihre Charts dem limbischen System gefallen.

So könnte dann eine Limbic-Pitch-Inszenierung aussehen, die den Anspruch hat, alle Teilnehmer zu erreichen:

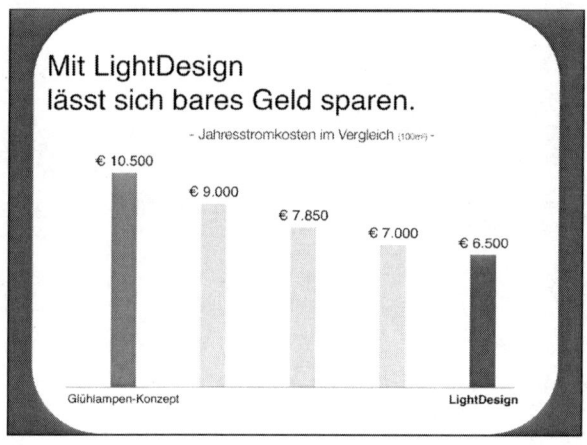

Chart 1 für den Gewinner-Typ. Bildquelle: Max Ott

Kernaussage: Mit LightDesign sind Sie ein Gewinner (1. Platz, und mit Light-Design gewinnen Sie auf 100 Quadratmeter 4.000 Euro Jahr für Jahr). Fragen Sie nun Ihr Publikum in einer Interaktion: Wie viel Quadratmeter haben Sie? Suchen sie sich einen mittleren Wert aus und rechnen Sie nun ausgehend von dem Wert hoch wie viel das Publikum mit

Ihrem Konzept gewinnt. »Bei 1.000 Quadratmeter gewinnen Sie 40.000 Euro Jahr für Jahr«. Betonen Sie diese Zahl, wiederholen Sie sie zwei- bis dreimal, damit sie sich auch wirklich in die Köpfe eingräbt.

Chart 2 für den Sicherheits-Typ. Bildquelle: Max Ott

Kernaussage: Unser Konzept ist bewährt. Sie kennen es, brauchen keine neuen Prozesse. Alles bleibt beim Alten, nur wird es noch sicherer. Erzählen Sie dazu »Garantie-Geschichten«, zum Beispiel, wie Sie es in anderen ähnlichen Projekten schon sichergestellt haben, dass alles reibungslos und fehlerfrei funktioniert.

Die ganze Vielfalt, der ganze Reiz, die ganze Schönheit des Lebens besteht aus Schatten und Licht.
Leo N. Tolstoi

Chart 3 für den Verbundenheits-Typ. Bildquelle: Max Ott

Kernaussage: Licht ist Leben. Licht ist Wohlbefinden. Licht ist viel mehr als Geld und Prozesse. Dazu kann eine Geschichte erzählt werden, in der es darum geht, wie LightDesign Kunden und Mitarbeiter glücklich gemacht hat. Chart 3 nutzt ein limbisch anziehendes Bild für den gefühlvollen Typ (warm, weich, menschlich) und zeigt ein berührendes Zitat dazu.

Inspirierende Beleuchtungsszenarien

Chart 4 zeigt für den experimentellen Denkstil aufregende Visionen in Licht und einzigartige Referenzobjekte. Bildquelle: Max Ott

Der limbische Sog: Der experimentelle Typ kann mit LightDesign seine Einzigartigkeit sichtbar machen und allen zeigen, dass er anders ist als die anderen. Dies stellt eine enorme Belohnung für diesen Teilnehmertyp dar. Hier können Sie Storys von hippen Projekten erzählen oder über Ihren konzeptionellen Ansatz philosophieren.

Mit nur vier dichten Charts, zu denen jeweils ein passendes auditives Evidenzmittel gewählt wird (Kalkulation, Garantiestory, Zufriedenheitsstory, Visionsstory) lassen sich im Nu die Köpfe und Herzen der meisten Menschen gewinnen.

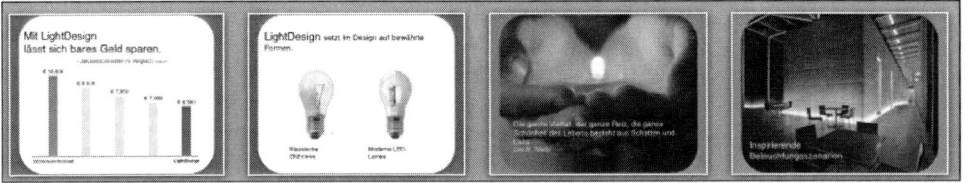

Die visualisierte Limbic Pitch in PowerPoint-Verpackung: für jeden Typ das richtige Chart und dazu die passende Story. Bildquelle: Max Ott

Wirkungsvoll präsentieren. Verstärken Sie Ihre Botschaft mit rhetorischen Mitteln

Begeistern wie Steve Jobs

Steve Jobs hat nicht nur die technische Welt, er hat auch die präsentierende Welt revolutioniert. Einerseits war er hier Visionär – anderseits besann er sich auf die Tradition der antiken Rhetorik mit ihren durchschlagenden und machtvollen Techniken.

Steve Jobs war ein moderner Meister der rhetorischen Stilistik: Er nutzte Dreierschritte, Anaphern, Epiphern, Asyndeta, Hyperbeln, Ironie, Metaphern, Personifikationen, Polysyndeta ...

Wenn Sie sich jetzt fragen, was diese Worte bedeuten, dann freuen Sie sich auf dieses Kapitel. Es verrät Ihnen die Geheimnisse von Top-Präsentatoren.

Schauen wir uns dazu Steve Jobs Keynote von 2007 an, als er zum ersten Mal das iPhone der Weltöffentlichkeit präsentierte. Auf unserer Internetseite www.hermann-ruess.de können Sie sich parallel hierzu das Video ansehen und die deutsche Übersetzung der analysierten Passagen herunterladen.

Beobachten Sie im Video auch die Reaktionen seiner Zuhörer und fragen Sie sich: Mit welchen stilistischen Mitteln schaffte es Steve Jobs, Menschen für sich, seine Produkte und für sein Unternehmen zu begeistern?

Lassen Sie uns hierzu einen kurzen Ausschnitt aus seiner Präsentation analysieren: *In 1984, we introduced the Macintosh. It didn't just change Apple. It changed the whole computer industry. In 2001, we introduced the first iPod, and it didn't just change the way we all listen to music, it changed the entire music industry. Well, today, we're introducing three revolutionary products of this class. The first one is a widescreen iPod with touch controls. The second is a revolutionary mobile phone. And the third is a breakthrough Internet communications device. So, three things: a widescreen iPod with touch controls; a revolutionary mobile phone; and a breakthrough Internet communications device. An iPod, a phone, and an Internet communicator. An iPod, a phone ... are you getting it? These are not three separate devices, this is one device, and we are calling it iPhone. Today, Apple is going to reinvent the phone, and here it is. (Zeigt ein veraltetes Gerät – Lachen im Saal)*

Wie also formulierte Steve Jobs genau? Wie schaffte er es, diese Begeisterung zu erzeugen? Wie erreichte er es, dass seine Botschaften diese durchschlagende Kraft hatten?

Er schaffte es durch die rhetorischen Verstärker, die er massenhaft nutzte. Lesen Sie sich die Beispiele zuerst durch. Die genauen Erklärungen der Stilmittel bekommen Sie nachgereicht – mit genauen Anweisungen und Beispielen.

Dreierschritte (Trikolon)

*(1) **In 1984**, we introduced (1) **the Macintosh**. It didn't just change Apple. It changed the whole computer industry. (2) **In 2001**, we introduced the first (2) **iPod**, and it didn't just change the way we all listen to music, it changed the entire music industry. Well, (3) **today**, we're introducing (3) **three revolutionary products of this class**.*
*(1) **The first one** is a widescreen iPod with touch controls. (2) **The second** is a revolutionary mobile phone. (3) **And the third** is a breakthrough Internet communications device. So, three things: **a widescreen***

iPod with touch controls; a revolutionary mobile phone; and a break-through Internet communications device.

*So, **three things**: a widescreen (1) **iPod** with touch controls; a revolutionary mobile (2) **phone**; and a breakthrough (3) **Internet communications device**. (1) **An iPod**, (2) **a phone**, and (3) **an Internet communicator**.*

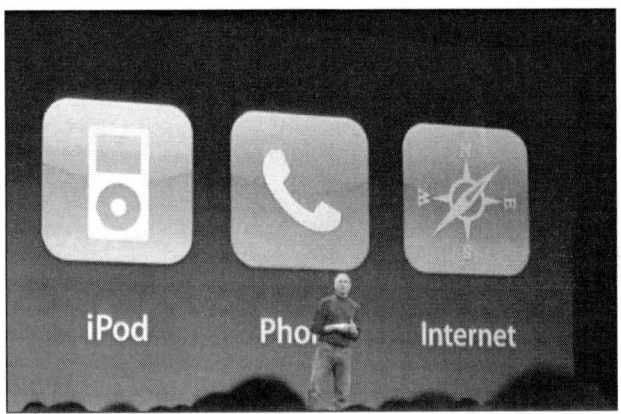

Steve Jobs nutzt Dreierschritte in Wort und Bild.
Bildquelle: Duncan Riley (TechCrunch)

Wiederholungen (Repetitio)

*In 1984, **we introduced** the Macintosh. **It didn't just change** Apple. It changed the whole computer industry.*

*In 2001, **we introduced** the first iPod, and **it didn't just change** the way we all listen to music, it changed the entire music industry.*

*Well, today, **we're introducing** three revolutionary products of this class. The first one is a **widescreen iPod** with touch controls. The second is a **revolutionary mobile phone**. And the third is a breakthrough **Internet communications** device.*

*So, three things: a **widescreen iPod** with touch controls; a **revolutionary mobile phone**; and a **breakthrough Internet communications** device. An **iPod, a phone**, and **an Internet communicator**. An **iPod, a phone** [...] are you getting it?*

*[...] **today**, we're introducing three revolutionary products of this class. **Today**, Apple is going to reinvent the phone, [...]*

Parallele Satzkonstruktionen (Parallelismus)

In 1984, we introduced the Macintosh, it didn't just change Apple. It changed the whole computer industry.

In 2001, we introduced the first iPod and it didn't just change the way we all listen to music, it changed the entire music industry.

Anapher (gleicher Satzanfang)

***An iPod, a phone**, and an Internet communicator.*
***An iPod, a phone** ... are you getting it?*

Epipher (gleiches Satzende)

*In 1984, we introduced the Macintosh. It didn't just change Apple. It changed the whole computer **industry**.*

*In 2001, we introduced the first iPod, and it didn't just change the way we all listen to music, it changed the entire music **industry**.*

Anadiplose (Verdoppelung)

*It didn't just **change** Apple.*
*It **changed** the whole computer industry.*

Klimax (Steigerung)

*In 1984, we introduced the **Macintosh**. It didn't just change Apple. It changed the whole computer industry. **In 2001**, we introduced the first **iPod**, and it didn't just change the way we all listen to music, it changed the entire music industry. **Well, today**, we're introducing **three revolutionary products of this class**.*

*It didn't just change **Apple**. It changed **the whole computer industry**.*

*An **iPod**, a **phone**, and an **Internet communicator**.*

Verkleinerung (Antiklimax)

[...] a widescreen iPod with touch controls; a revolutionary mobile phone; and a breakthrough Internet communications device.

An iPod, a phone, and an Internet communicator.

An iPod, a phone ... are you getting it?

Hyperbel (Übertreibung)

*In 1984, we introduced the Macintosh. It didn't just change Apple. It changed **the whole computer industry**. In 2001, we introduced the first iPod, and it didn't just change the way we all listen to music, it changed **the entire music industry**. Well, today, we're introducing **three revolutionary** products of this class.*

*Today, Apple **is going to reinvent the phone**, and here it is.*

Rhetorische Fragen

*An iPod, a phone, and an Internet communicator. An iPod, a phone ... are you getting **it?***

Anakoluth (Satzabbruch)

An iPod, a phone, and an Internet communicator. An iPod, a phone ...
are you getting it?

Ironie

These are not three separate devices, this is one device, and we are cal-
ling it iPhone. Today, Apple is going to reinvent the phone, and here it is.
(Zeigt ein veraltetes Gerät – Lachen im Saal)

Slogan

Today, Apple is going to reinvent the phone, and here it is.

Im weiteren Verlauf seiner Präsentation hämmert er diesen Slogan
durch Wiederholung ein:
So, we're gonna reinvent the phone.
We wanna reinvent the phone.
You'll agree, we have reinvented the phone.
Today Apple is reinventing the phone.

Einhämmern der Kernbotschaft »Apple reinvents the phone« durch
Slogan, Wiederholungsfiguren und Visualisierung. Bildquelle: Duncan
Riley (TechCrunch)

Limbic Keywords

Treffende limbische Adjektive und Verben für sein limbisches Zielpublikum »Entdecker«.

*In 1984, we introduced the Macintosh. It didn't just **change** Apple. It **changed** the whole computer industry. In 2001, we introduced the first iPod, and it didn't just **change** the way we all listen to music, it **changed** the entire music industry. Well, today, we're **introducing three revolutionary products** of this class. The first one is a widescreen iPod with touch controls. The second is a **revolutionary** mobile phone. And the third is a **breakthrough** Internet communications device. So, three things: a **widescreen** iPod with touch controls; a **revolutionary** mobile phone; and a **breakthrough** Internet communications device. An iPod, a phone, and an Internet communicator. An iPod, a phone ... are you getting it? These are not three separate devices, this is one device, and we are calling it iPhone. Today, Apple is going to reinvent the phone, and here it is. (Zeigt ein **veraltetes Gerät** [limbischer Antiwert] – Lachen im Saal)*

Spannungsbogen

*These are not three separate devices, this is one device, and we are calling it iPhone. Today, Apple is going to reinvent the phone, **and here it is**. (Zeigt ein veraltetes Gerät – Lachen im Saal)*

Erst ganze sechs Minuten später zeigt Steve Jobs das iPhone und lüftet das Geheimnis, auf das alle so gespannt gewartet haben. Der Text, mit dem er das iPhone dann ankündigt, könnten Sie nun schon alleine analysieren. Auch er ist voller rhetorischer Wirkverstärker:

We have been very lucky to have brought a few revolutionary [Wiederholung, limbic Keyword] user interfaces to the market – the mouse, the click wheel, and now Multi-Touch [Dreierschritt/Klimax]. Each has made possible a revolutionary [Wiederholung, limbic Keyword] product, the Mac, the iPod, and now the iPhone [Dreierschritt/Klimax]. We're going to build on top of that with software. Software [Anadiplose] on mobile phones is like baby-software [Metapher]. Today we're going to [Wiederholung] show you a software breakthrough [Antithese]. Software that's 5-years ahead of what's on any other phone [limbic Keywords – Entdeckerinstruktion].

Why would we want [Alliteration/Stabreim] to run such a sophisticated OS on a mobile device? [Rhetorische Frage]. It's got everything we need [Hyperbel]. Multitasking, networking, power management, graphics, security, video, graphics, audio core animation ... [Asyndeton/Häufung] It let us create desktop class applications and networking, not the crippled stuff you find on most phones. These are real desktop applications [Antithese].

Ein so kurzer Text – doch wenn wir ihn unter die rhetorische Lupe nehmen, dann sehen wir: Er hat es in sich. Steve Jobs war ein Meister der limbischen Verführung – sei es nun mit seinen Produkten, sei es mit seinen Präsentationen.

Gelungenes Produktdesign und überzeugendes Präsentationsdesign haben eines gemeinsam: ihren limbisch anziehenden Kern und ihre limbisch verführerische Verpackung.

TIPP

Die wichtigsten rhetorischen Wirkungsverstärker für Ad-hoc-Präsentationen stellt Ihnen der nächste Abschnitt vor. Aus all den Hunderten von Stilmitteln haben wir uns auf die konzentriert, die einfach sind, die schnell zu produzieren sind und an die Sie sich auch unter Stress und Zeitdruck erinnern werden. Voraussetzung aber ist, dass Sie im Vorfeld diese Wirkungsverstärker ab heute bewusst in Ihre Kommunikation einbauen, bis sie Ihnen in Fleisch und Blut übergehen. Wenn Sie dann ad hoc präsentieren, dann unterstützen diese Sprachmuster Sie schnell und effektiv, mit Ihren Worten auf den Punkt zu kommen und nachhaltig Eindruck zu hinterlassen.

Wenn Sie mindestens zwei Stunden Zeit zur Vorbereitung haben, dann üben Sie Ihre Pyramide einmal laut (oder im Geiste) und fragen Sie sich, an welcher Stelle Sie präziser, klarer und kraftvoller formulieren können. Verwandeln Sie nun alle schwammigen Formulierungen in eine klare und präzise Sprache.

Mit den folgenden rhetorischen Prinzipien können Sie an Ihren Formulierungen feilen. Ihre Worte sollten danach Durchschlagskraft haben – sie sollten zuspitzen, bis sie durchdringend werden wie Pfeile. Erinnern wir uns noch einmal an die Worte Mark Twains, des Meisters der Zuspitzung: »Der Unterschied zwischen dem richtigen Wort und dem beinahe richtigen Wort ist der gleiche wie der zwischen einem Blitz und einem Glühwürmchen.«

Zuspitzen, einprägen, anregen – so verstärken Sie Ihre Botschaften und Inszenierungen

Wie lassen sich unsere Kernbotschaften und deren emotionale Inszenierung verstärken? Welches sind die Prinzipien, nach denen diese Verstärkungsanlage funktioniert? Welche Regler gibt es, wie funktionieren und wirken sie? Im Folgenden stelle ich Ihnen rhetorische Prinzipien der Verstärkung vor: einprägen, steigern, zuspitzen, anregen, verdeutlichen – und die dazugehörigen sprachlichen Muster (Figuren), mit denen Sie das erreichen.

Einprägen mit Wiederholungen

Wiederholungen machen einen Beitrag einfach, glaubwürdig und eindringlich. Wiederholungen senken den Aufwand beim Zuhören. Wir erfreuen so die Zuhörer, da diese der Präsentation ohne große Anstrengung folgen können. Ohne Wiederholung prägen sich auch Ihre Inhalte nicht so gut ein. Dies ist durch empirische Studien zum Lern- und Vergessensprozess belegt. Nutzen Sie Wiederholungen sowohl im Kleinen (Schlüsselworte) wie im Großen (zentrale Botschaften). Wiederholungen sind das Lieblingswerkzeug in Politik und Werbung, sind das einfachste und zugleich mächtigste Prinzip der Rhetorik. Wird etwas nur oft genug wiederholt, wird es irgendwann als Tatsache wahrgenommen. Nicht umsonst sagt man: Die Wiederholung ist die Mutter aller Dinge. Wiederholungen machen also Ihre Botschaft einfach, glaubwürdig und eindringlich.

Wirkungsvolle Formulierungen haben einen eingängigen Rhythmus. Menschen haben schon früh erkannt, dass es einfacher ist, sich etwas zu merken, wenn es rhythmisch ist, und gaben ihre Erfahrungen in Gedichten und Liedern weiter. Wollen Sie also Ihre Botschaften nachhaltig verankern, setzen Sie auf die Macht der Rhythmen.

Einen besonders schönen Rhythmus erhalten Sie durch Dreierschritte. Die Zahl Drei ist die magische Zahl der Rhetorik. Schauen Sie sich die Pyramiden in den vorherigen Kapiteln an: Sie sind voller Dreier-Strukturen. Auch in den Sätzen schaffen Sie mit Dreierfiguren Botschaften, die eingängig und gehirngerecht sind.

Name	Beschreibung	Beispiel
Alliteration	Wiederholung des ersten Buchstabens in mehreren Wörtern. Wirkt prägnant, knackig und plakativ.	Plakativ, prägnant, präzise. Klare Kalkulation.
Anapher	Wiederholung eines oder mehrerer Wörter zu Beginn aufeinanderfolgender Sätze oder Satzteile. Hebt wichtige Dinge hervor; erzeugt Prägnanz.	Mit LightDesign gewinnen Sie 40.000 Euro. Mit Light Design gewinnen Sie mehr Sicherheit. Mit LightDesign gewinnen Sie mehr Kunden.
Epipher	Wiederholung eines oder mehrerer Wörter am Ende aufeinanderfolgender Sätze oder Satzteile.	Wenn es uns morgen noch geben soll, brauchen wir Investitionen! Wenn wir am Markt bestehen wollen, brauchen wir Investitionen! Wenn wir die Nummer eins bleiben wollen, brauchen wir Investitionen!
Anadiplose	Die letzten Wörter des Satzes werden im folgenden Satz oder Teilsatz erneut wiederholt. Ihre Kernbotschaft wirkt wesentlich schlüssiger und logischer.	Bildung bringt Innovation. Innovation garantiert Wachstum. Wachstum sichert Wohlstand.

Name	Beschreibung	Beispiel
Parallelismus	Zwei bis drei Sätze oder Satzglieder werden grammatikalisch gleich formuliert, nur der Inhalt ändert sich. Dadurch benötigt unser Gehirn weniger Energie. Es erleichtert die Erkennbarkeit des Gedankengangs. Ihre Kernbotschaften werden eingängiger, einprägsamer und verständlicher.	Sie haben ein Produkt, das Sie gerne verkaufen möchten? Sie haben einen Plan, den Sie gerne umsetzen möchten?
Repetitio	Wiederholung von Schlüsselwörtern, Kernsätzen oder zentralen Passagen. Wiederholen Sie am besten Ihre Kernthesen oder limbischen Schlüsselwörter.	Das System ist nicht nur einfach zu lernen, es ist auch einfach in der Anwendung – denn nur was einfach ist, wird gern genutzt, und nur was gerne genutzt wird, wird auch gerne gekauft.
Trikolon	Worte, Sätze und Elemente werden in Dreiergruppen angeordnet. Wirkt eindringlich und einleuchtend, da die Figur kompatibel mit der Gedächtnisleistung ist. Der Dreierschritt wirkt rhythmisch und melodiös und erzeugt prägnante und griffige Botschaften.	Drei Vorteile hat das neue System: Es ist einfach, effektiv, erfolgreich!

Wirkverstärker Wiederholungen

Verstärken mit Steigerungen

Wenn wir steigern, ist das so, als ob wir am Hauptschalter drehen, der die Intensität der Emotionen steuert. Gesteigert wird vom Kleinen ins Große (Klimax), wenn wir Emotionen erregen wollen, und vom Großen ins Kleine (Antiklimax), wenn wir Emotionen dämpfen wollen. Fakten, die für Sie oder Ihre These sprechen, machen Sie »groß« – das bedeutet, Sie widmen ihnen Redezeit, Sie visualisieren sie, vergleichen sie mit etwas Größerem, inszenieren sie aufwendig. Dieses rhetorische

Prinzip heißt Amplificatio. Fakten, die gegen Sie sprechen, machen sie »klein«. Sie gehen entweder gar nicht auf sie ein oder Sie gehen nebensächlich auf sie ein, Sie relativieren sie, visualisieren sie auf keinen Fall, verpacken sie nicht rhetorisch. Denken Sie an den Hinweis über die Nebenwirkungen in der TV-Werbung für Arzneimittel! Außerdem fällt es uns leichter, einem Beitrag zu folgen, wenn wir eine Ordnung darin erkennen. Vom ersten zum zehnten Modul, vom Kleinen zum Großen, vom Unwichtigen zum Wichtigen, von der Theorie zum Beispiel, vom Anfang zum Ende, von der Vergangenheit in die Zukunft. Auch hier wird Energie beim Zuhören gespart. Außerdem erhöht die Vorhersagbarkeit das gute Gefühl der Kontrolle: Der Zuhörer weiß jederzeit, wo er gerade ist, und was ihn als Nächstes erwartet. Das Publikum kann mühelos der Rede folgen.

Steigern kann man auch durch Häufung. Damit können wir vor allem komplizierte oder abstrakte Dinge begreifbarer machen, da wir durch Umschreibungen viele Sichtweisen auf ein Thema anbieten. So kann jeder Zuhörer sich die Perspektive aussuchen, die für ihn am besten zugänglich ist. Gehäuft werden kann auch inhaltlich mit Übertreibungen und Steigerungen.

Name	Beschreibung	Beispiel
Klimax	Steigerung von Worten, Elementen, Argumenten zum Schluss hin. Auf die Spitze treiben. Macht Kleines groß; vernetzt die Zusammenhänge.	Es geht um reibungslose Zusammenarbeit: in unserem Team, in unserem Betrieb, in unserem gesamten Unternehmen.
Hyperbel	Übertreibung: Bei der Darstellung von Personen oder Dingen wird weit über das Glaubwürdige hinaus übertrieben.	Die beste Idee aller Zeiten Unschlagbarer Preis Preislawine kommt auf uns zu Dramatische Folgen

Name	Beschreibung	Beispiel
Asyndeton	Mehrere Wörter werden unverbunden aneinandergereiht. Dem Aufgezählten und Gesagten wird eine höhere und herausragende Bedeutung zugesprochen. Häufen Sie vor allem limbische Begehrlichkeiten.	Was bringt uns das? Rendite, Marktanteile, neue Kunden, Innovationen, Chancen, Möglichkeiten, Zukunft ...
Verzicht	Es wird ausdrücklich gesagt, worüber man nicht sprechen wird, um es erst recht hervorzuheben. Der Verzicht eignet sich gut, um die gegnerische Position zu erschüttern.	Ich möchte nicht behaupten, dass das Produkt unserer Mitbewerber schlecht ist. Niemand behauptet, die andere Methode sei rückständig.
Antiklimax	»Steigert« vom Großen ins Kleine. Führt vom Gesamten ins Detail. Legt den Finger in die Wunde.	Zuerst kommen weniger Kunden. Dann sinkt der Umsatz. Und schließlich verschwinden wir vom Markt.

Wirkverstärker Steigerungen

Zuspitzen mit Antithesen

Ein beliebtes Mittel der Rhetorik ist der Kontrast: schnell – langsam, verschwenderisch – profitabel, kompliziert – einfach etc. Die Wirkungsweise von Antithesen: Der dunkle Antiwert lässt meinen Wert noch heller leuchten. Eines der beliebtesten Mittel der politischen Rede ist die Antithese, der Kontrast: rechts – links, oben – unten, schwarz – weiß, hell – dunkel. Aber auch im wirtschaftlichen Kontext lässt sich mit der Antithese effektiv formulieren: schnell – langsam, verschwenderisch – profitabel, kompliziert – einfach etc. Jeder erfolgreiche Film, jeder spannende Roman, aber auch jede mitreißende Rede lebt von dem Gegensatz von Gut und Böse. Ein echtes Highlight also. Gesteigert werden kann die Antithese noch dadurch, dass der Antiwert in der Argumentation durch meine These widerlegt wird (Concessio, Prolepsis) oder gar der Lächerlichkeit preisgegeben wird wie mit der Ironie.

Name	Beschreibung	Beispiel
Antithese	Parallel im Satzbau/gegensätzlich im Inhalt. Wert und Antiwert in einem Satz Vermeidet Schwammigkeit – spricht Klartext. polarisiert; zeigt Licht- und Schattenseiten auf und erzeugt eine Spannung. Hilft, Entscheidungen herbeizuführen.	Wollen wir eine **langfristige** vernünftige Entscheidung oder wollen wir nur **kurzfristige** Erfolge?
Limbic Keywords	Limbische Werte und limbische Antiwerte des Gegenübers explizit ansprechen. Die eigene Lösung mit limbischen Werten, den Ist-Zustand oder die Lösung des Wettbewerbers mit Antiwerten verknüpfen.	solide – ramschig prägnant – schwammig effektiv – schwerfällig schlank – üppig lukrativ – verschwenderisch
Ironie	Die Ironie drückt das Gegenteil von dem aus, was der Redner wirklich sagen will. Verweist humorvoll auf die Schattenseiten (Hölle).	Lasst uns doch weiterhin PowerPoint als alleiniges Heilmittel nutzen! Produzieren wir nicht 70, nicht 80, nein 90 Folien. Lesen wir am besten die Folien wortwörtlich ab und zeigen dabei unsere Kunden unseren entzückenden Rücken. Sie werden uns lieben. Nirgendwo anders bekommen sie so ihren wohlverdienten Business-Schlummer.

Name	Beschreibung	Beispiel
Concessio	Scheinbewilligung. Scheinbar das gegnerische Argument bewilligen. Nimmt den Meinungsgegnern den Wind aus den Segeln. Wirkt glaubwürdig und erzeugt Vertrauen.	Zu Recht denken Sie jetzt: Das wird aber kompliziert! Lassen Sie mich Ihnen zeigen, wie einfach ... Zu Recht werden Sie als Geschäftsführer jetzt kritisch hinterfragen: »Ja, rechnet sich das auch für uns?«
Prolepsis	Einwandvorwegnahme. Sie benennen und entkräften während der Präsentation mögliche Einwände. Danach folgt eine überraschende Wendung in der Argumentation zu Ihren Gunsten. Dies hat den Vorteil, dass Sie Einwände schon in der Vorbereitung gut und wirkungsvoll entkräften.	Man könnte jetzt einwenden, dass ... Richtig. Gleichzeitig ...

Wirkverstärker Antithesen

Anregen mit Fragen

Fragen regen zum Nachdenken an und leiten gezielt Interaktionen ein. Mit Fragen ziehen Sie im Nu Ihr Publikum aus dessen Welt in Ihre. Fragen machen aber auch neugierig. Sie können mit Fragen einen Spannungsbogen auf die Antwort/Lösung hin aufbauen, wenn Sie sie nicht sofort beantworten.

Fragen haben im Vergleich zu Behauptungen den großen Vorteil, dass sie den Aufmerksamkeits-Schalter im Gehirn des Zuhörers auf »an« stellen. Fragen überzeugen, da sie weniger Druck aufbauen als Behauptungen. Da Druck Gegendruck erzeugt, sinkt durch Fragen der Widerstand im Publikum gegen Ihre Position.

Name	Beschreibung	Beispiel
Rhetorische Frage	Suggestive Scheinfrage. Sie holen sich ein »Ja« (eine Zustimmung) oder ein »Nein« (Ablehnung der Gegenposition) vom Publikum und sind einen wichtigen Schritt im Überzeugungsprozess weiter.	Wollen wir weiter Richtung Abgrund laufen? Oder wollen wir neue Wege gehen?
Direkte Fragen an das Publikum/an den Gesprächs- partner	Austausch und Interaktion mit dem Publikum. Vergewisserung, auf dem richtigen Weg mit seinen Argumenten zu sein.	Was sagen Sie dazu? Wie finden Sie das? Was wäre Ihnen noch wichtig? So kann es nicht weitergehen, stimmen Sie mir hier zu?

Wirkverstärker Fragen

Prägnanz erzeugen durch Kürze

Prägnanz erzeugen wir, wenn wir uns auf das Wesentliche beschrän-
ken: kurze Sätze, knackige Formulierungen, plakative Aussagen. Auch
hier spart das Zuhörer-Gehirn wieder Energie und erfreut sich an der
Effizienz der Rede. Gießen Sie vor allem Ihre zentralen Botschaften in
kurze und knackige Slogans. Dadurch hat diese Botschaft eine hohe
Wahrscheinlichkeit, wohlwollend aufgenommen zu werden, vor allem
von Menschen im Publikum, die hohen Wert auf Knappheit, Klarheit und
Kürze legen. Dieses rhetorische Prinzip wird »Brevitas« genannt und
eignet sich hervorragend, um Ihre zentralen Botschaften in kurze und
knackige Slogans zu gießen.

Name	Beschreibung	Beispiel
Imperativ/ Slogan	Ein Slogan oder Imperativ ist in der Rhetorik ein einprägsamer Spruch oder Satz. Durch die Prägnanz und Kürze, aber auch durch die Wiederholung in Ihrer Präsentation sorgt ein Imperativ oder Slogan für Sicherheit durch Wiedererkennung, Verständlichkeit durch Kürze sowie Besonderheit durch Einzigartigkeit. Verpacken Sie vor allem Ihre zentrale These.	Wer belohnt, wird belohnt! Vorsprung durch Technik!
Anakoluth	Satzabbruch. Sie lassen Ihr Argument in der Schwebe. Regt die Fantasie Ihres Gesprächspartners an.	Was dann passiert, … Nun, wir können auch so weiter machen, aber …

Wirkverstärker Kürze

Verdeutlichen durch Metaphern

Vergleiche, Analogien und Metaphern sind hilfreich beim Verstehen. Sie sind Strukturen, um Dinge auf der Basis von Vorhandenem zu verstehen und zu verknüpfen (das Neue ist so ähnlich wie das Bekannte/das Neue entspricht dem Bekannten so: …). Wichtig ist, die Vergleiche in der Lebenswelt der Zuhörer zu suchen. Was wir in frühester Kindheit lernen, wird zum Fundament für weiteres Lernen. Neuer Stoff muss an vorhandenes Wissen angeknüpft werden. Nur so kann ein stabiles Wissensnetz entstehen. Die Aufmerksamkeitsforschung kann belegen, dass nichts unsere Aufmerksamkeit so fesselt wie menschliche Gesichter. Das Belebte fasziniert uns mehr als das Unbelebte, das Bewegte mehr als das Starre, das Konkrete mehr als das Abstrakte. Dieses Prinzip macht sich die rhetorische Figur zunutze, die Eigenschaften belebter Wesen auf unbelebte Objekte überträgt, die Personifizierung. Dadurch wird ein Vortrag anschaulich, originell und dynamisch.

Name	Beschreibung	Beispiel
Metapher	Die Metapher hat die Funktion, etwas durch etwas anderes zu ersetzen. Metaphern machen ein Thema einleuchtend.	Für Ad-hoc-Präsentationen eignen sich vor allem »höllische« Ein-Wort-Metaphern oder kurze Sätze: Heuschrecken, Seminarorgien, Preis-Tsunami, Benzinfresser, Finanzhaie. Geld zum Fenster rauswerfen. Perlen vor die Säue. Den eigenen Ast absägen. Herz ausreißen. Alleine im Regen stehen.
Analogie	Suchen Sie sich passende Beispiele und Sachverhalte, die jeder kennt, mit denen Sie Ihr schwieriges Thema »gleichsetzen« können nach dem Muster: A verhält sich zu B wie C zu D.	Die Teile in China zu produzieren, ist wie am Meer wohnen und Tiefkühlfisch essen (Lieferant, der in der Nähe des Kunden sitzt, zum Kunden, der chinesischen Anbieter bevorzugt).
Personifizierung	Bei der Personifizierung werden Gegenstände lebendig. Ihre Argumentation wird viel anschaulicher, amüsanter und dynamischer.	Unser Programm wird Ihr neuer Freund sein! Er fragt Sie jeden Morgen, ... Er sagt ihnen, wie ... Er unterstützt Sie, wenn ...

Wirkverstärker Metaphern

Mut zur Handzeichnung. Visualisieren Sie mit wenigen Strichen ad hoc, einprägsam und freihändig

Gastbeitrag von Walburga Buechler

„Alles sollte so einfach wie möglich gemacht werden.
Aber auch nicht einfacher!"

Albert Einstein

Sie haben erfahren, wie Sie ihre Kommunikation auf den Punkt bringen.
Ihr Ziel ist klar formuliert. Sie stehen am Flipchart und fragen sich, wie
wirken meine Charts noch einprägsamer und nachhaltiger? Ja – trauen
Sie sich, mit der Hand zu zeichnen. Mit ein paar wenigen Strichen und
Elementen unterstreichen Sie Ihre Wirkung und hinterlassen bei Ihren
Zuhörern einen nachhaltigen Eindruck, der persönlich überzeugt.

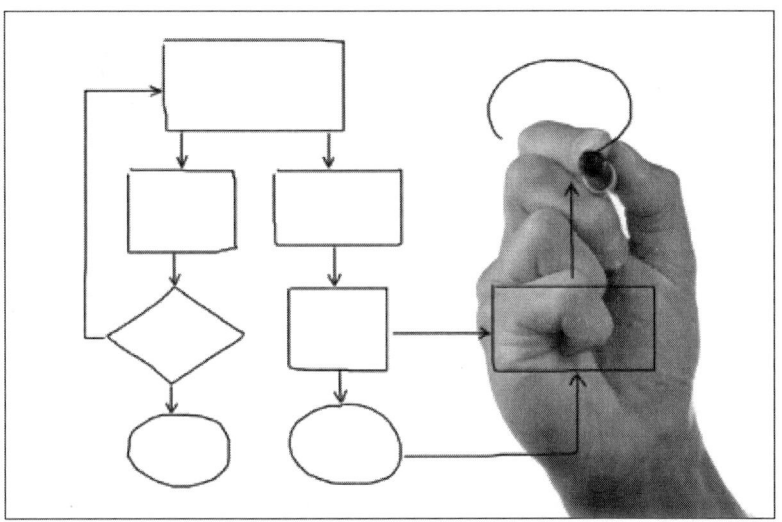

Trauen Sie sich, mit der Hand zu zeichnen. Bildquelle: BrianAJackson (iStockphoto)

Sie fragen sich vermutlich jetzt, wie soll das gehen? Wie kann ich das tun? Ich konnte doch schon in der Schule nicht zeichnen! Wir gehen mit Ihnen gemeinsam Schritt für Schritt: Wie sieht das richtige Werkzeug aus?

Schreiben

Zum Schreiben nehmen Sie immer erstklassige Moderatorenstifte mit abgeschrägter Spitze, am besten in Schwarz. Schwarz ist auf Entfernung am besten lesbar. Lesbarkeit ist das oberste Gebot. Also weg mit Moderationsstiften, die nicht mehr satt schreiben und nur noch gräulich dünn wirken. Je dicker der Stift, umso eindrücklicher die Zeichnung. Schwarz als Farbe signalisiert Deutlichkeit aber auch Neutralität. Schreiben Sie in Druckbuchstaben, nicht in Schreibschrift.

TIPP

Machen Sie sich unabhängig von kaputten Stiften in Meetingräumen und kaufen Sie sich vier Moderatorenstifte in den vier Farben Schwarz, Blau, Rot, Grün. Je dicker, umso besser, da dicke Stifte stärker wirken.

Betonen, Markieren und Kolorieren

Farben
Zum Hervorheben von Textbausteinen wirken die Farben Blau, Rot und Grün am besten. Schreiben Sie einzelne Wörter in Farbe, unterstreichen Sie farbig oder nutzen Sie einen Moderationsmarker.

Mit Blau präsentieren Sie Ihre Zahlen, Daten, Fakten. Blau wirkt seriös. Blau steht für Kühle, Weite, Distanz, strategische Elemente.

Rot ist eine Signalfarbe und setzt einen besonderen Hinweis. Rot erzeugt den stärksten Kontrast zur schwarzen Schriftfarbe. Rot steht für Empathie, Bedürfnisse, Gefühle und Werte. Rot sagt aber auch Vorsicht, hier liegt das Problem.

Mit Grün ist alles im grünen Bereich. Grün gibt freie Fahrt – so geht es. Grün verdeutlicht Ergebnisse und spiegelt positive Signale, wird als ausgleichend empfunden. Grün gibt Sicherheit, steht für Kompromisse und Konsens.

Gelb und Orange eignen sich ausschließlich zum Kolorieren. Ihre Wirkung wird als warm, inspirierend, kreativ und ideenreich wahrgenommen.

Arbeiten Sie mit der Kraft der Farben. Gehen Sie nach Ihrer persönlichen Stimmigkeit. Denken Sie an weniger ist mehr. Entwickeln Sie Ihren eigenen Stil, seien Sie nicht zu perfekt.

Textcontainer

Nutzen Sie Textcontainer, um Inhalte besonders in das Auge des Betrachters zu rücken. Verwenden Sie zum Malen und Zeichnen Moderatorenstifte mit runder Spitze.

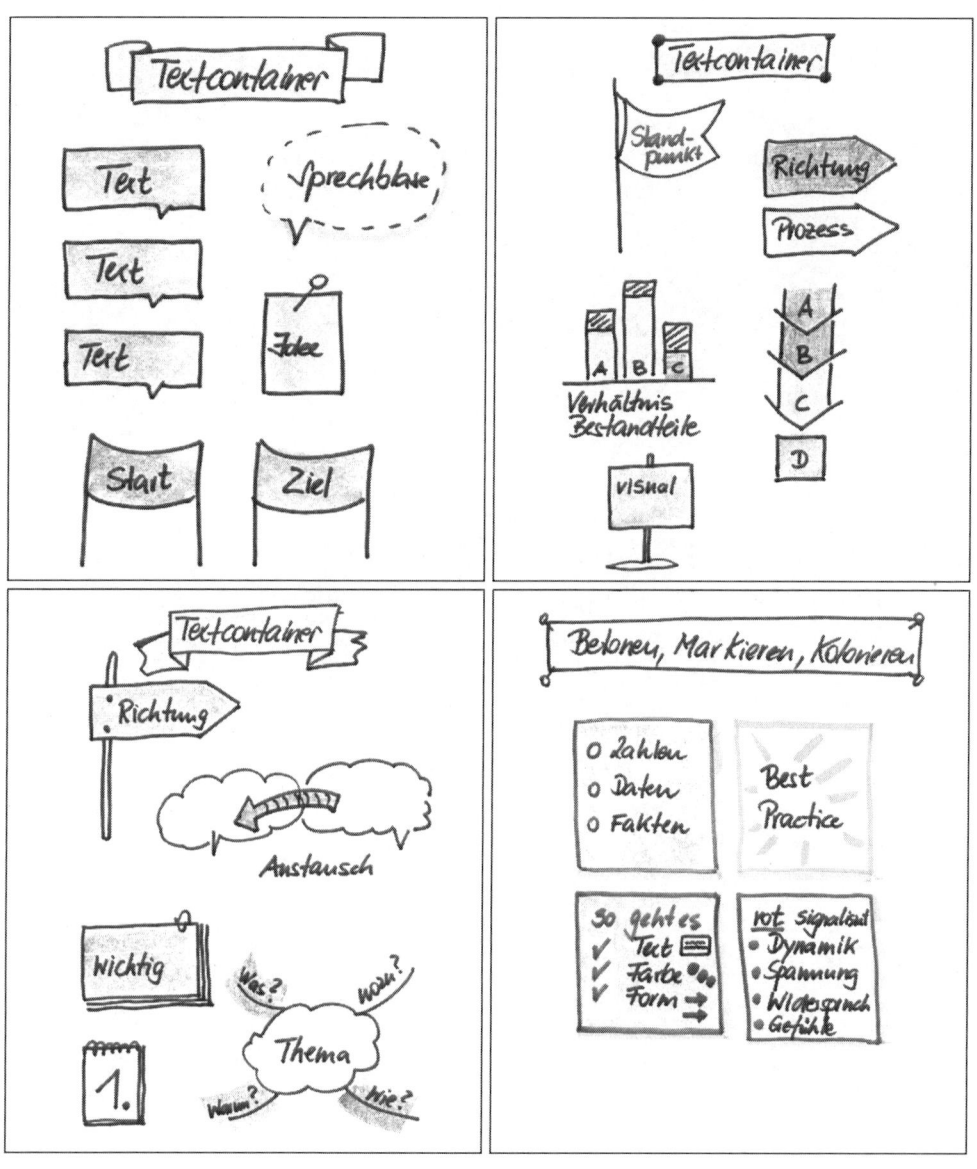

Mit Textcontainern geben Sie Ihrer Visualisierung im Nu Struktur. Bildquelle: Walburga Buechler

Pfeile

Pfeile geben Charts Struktur, Ordnung, Sicherheit. Sie zeigen Richtung, Prozesse und Schlussfolgerungen. Pfeile betonen Inhalte. An Pfeilen können wir uns orientieren, Schritt für Schritt.

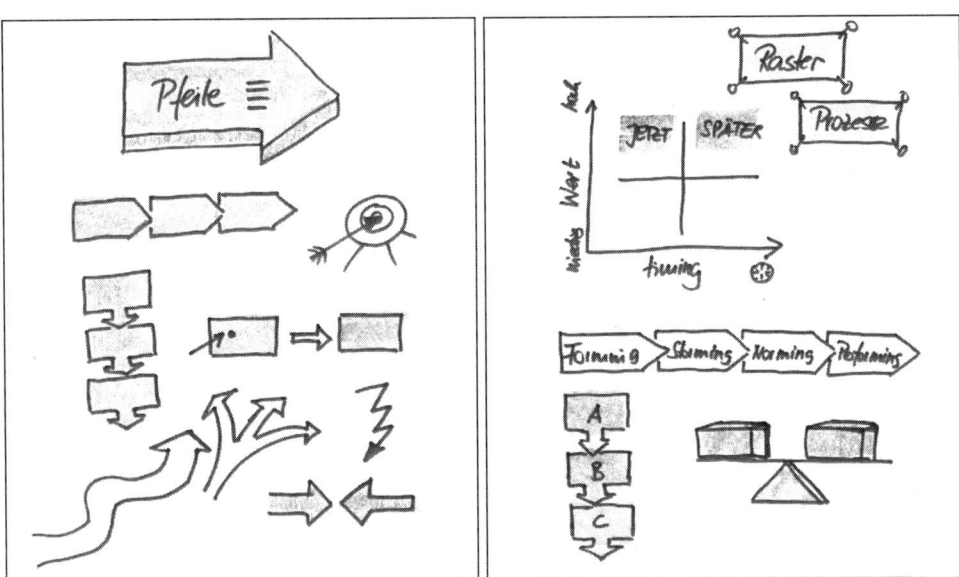

Pfeile erzeugen Struktur, Orientierung und Richtung. Bildquelle: Walburga Buechler

Vom Wort zum Bild

Gedanken in Bilder zu verwandeln, ist ein bisschen Übungssache. Nicht jedem fällt sofort ein Bild zu seiner Idee ein. Je öfter Sie es versuchen, desto öfter und schneller wird es Ihnen gelingen. Metaphern (griechisch: »metaphora«, die Übertragung) helfen, innere Bilder zu erzeugen. Hier verwandelt sich quasi automatisch Sprache in Bild. Metaphern erklären nicht. Sie machen einen Zusammenhang anschaulich und regen die Gedanken an:

Worte in Bilder übersetzen.
Bildquelle: Walburga Buechler

Von der Zahl zum Bild

Die gebräuchlichsten Arten sind Kreise, Torten, Balken, Säulen, Kurven. Unterscheiden Sie zwischen Vergleichen und Abläufen. Sowohl Vergleiche als auch Abläufe zeigen die Beziehungen beziehungsweise Relation zu den untersuchten Faktoren und Komponenten. Für Vergleiche stehen fünf Diagrammtypen zur Verfügung: Kreise, Punkte, Balken, Säulen oder Kurven. Ablaufdiagramme zeigen Zusammenhänge, Prozesse und Abfolgen.

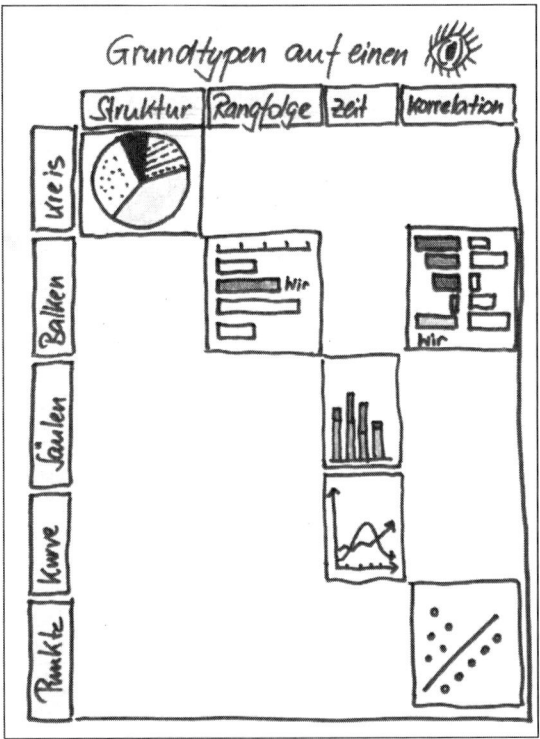

Auf einen Blick: Das richtige Ad-hoc-Diagramm für jeden Zweck. Bildquelle: Walburga Buechler

Kreis- oder Tortendiagramme

Stellen Sie, wenn möglich, nicht mehr als fünf Komponenten dar. Wenn Sie mehr als fünf Komponenten haben, fassen Sie diese als Sonstiges zusammen. Gehen Sie im Uhrzeigersinn vor. Die wichtigste Position steht auf 12 Uhr mit dem stärksten Farbkontrast, zum Beispiel schwarz/ gelb. Von allen Bildformen ist das Kreisdiagramm für Ad-hoc-Präsentationen das am unpraktischste, weil es am schwierigsten ist, einen Kreis aus der Hand zu zeichnen. Da heißt es üben, üben, üben. Aus meiner Sicht gibt es geeignetere Formen, um Relationen schneller und besser aufzuzeigen und ins Auge des Betrachters zu rücken.

Balkendiagramme

Ich bevorzuge Balkendiagramme. Wenn Sie sich für Balkendiagramme entscheiden, ist es wichtig, dass der Abstand zwischen den Balken immer kleiner ist als die Balkenbreite. Die kräftigste Farbe oder Schraffur bekommt die wichtigste Aussage in Bezug auf den Kontext. Runden Sie Zahlen auf. 60 Prozent prägt sich besser ein als 60,12 Prozent. Balkendiagramme lassen sich leichter beschriften, da mehr Platz zur Verfügung steht.

Das Balkendiagramm – mit wenigen Strichen schnell gezeichnet. Bildquelle: Walburga Buechler

Säulendiagramme

Für ein Säulendiagramm entscheide ich mich, wenn ich eine Aussage in Zusammenhang mit Zeit darstellen will.

Kurvendiagramme

Die Kurvenlinie ist der Blickfang. Sie ist am deutlichsten sichtbar. Hinterlegen Sie ein Hintergrundgitter, damit sich das Auge daran festhalten kann. Das Gitter sorgt für Ordnung und Struktur auf dem Schaubild.

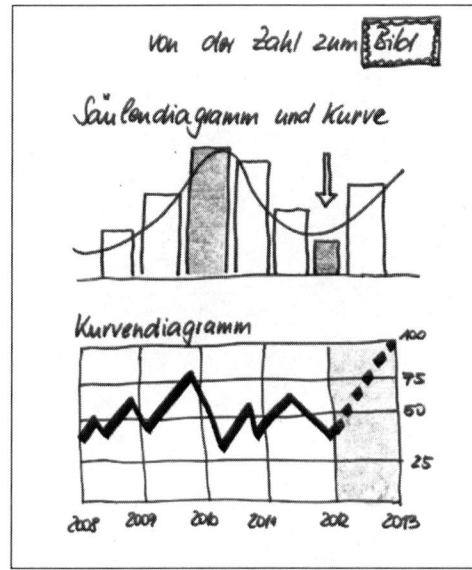
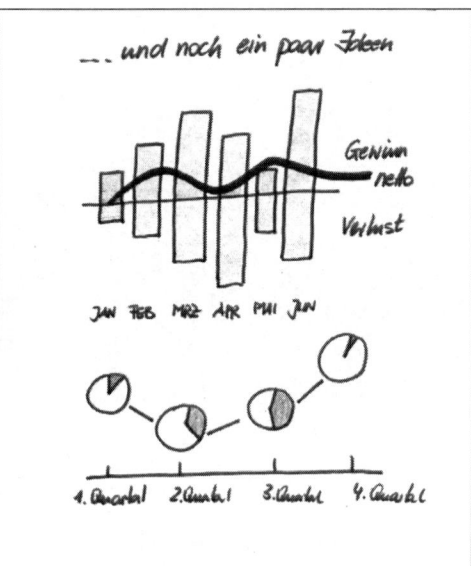

Mit Säulen- oder Kurvendiagrammen stellen Sie Aussagen schnell in einen zeitlichen Zusammenhang.
Bildquelle: Walburga Buechler

Das Gitter hilft dem Betrachter, Relationen schneller und leichter zu erfassen.

Figuren

Figuren machen Informationen menschlicher. Sie unterstreichen die Verbindung zwischen Sprache und Bild, stellen ganz automatisch eine Beziehung zwischen Zuhörer und Sprecher her.

Mit wenigen Strichen wird Ihre Skizze menschlich.
Bildquelle: Walburga Buechler

Schreiben und malen Sie eher zu groß als zu klein. Nutzen Sie die Fähigkeit des Gehirns, zu ergänzen, deuten Sie an, 80 Prozent sind perfekt. Wählen Sie drei Farben, die zu Ihnen passen. Suchen Sie sich für Ihre Themen Metaphern und Zitate, die Sie in Bilder übersetzen und so immer parat haben. Stellen Sie Ihre Idee, ihr Ziel visuell in die Mitte.

Gute Flipcharts unterstützen gute Präsentationen und haben viel mit Filmen gemeinsam: Beide sind spannend, fesselnd und bewegen ihr Publikum. Beide erreichen das mit Bildern. Öffnen Sie Türen mit einer freihändigen Skizze bei sich und bei anderen.

Anschaulich präsentieren. Verankern Sie Ihre Botschaften multimedial

Gastbeitrag von Max Ott

Sie haben nun bereits schon viele Techniken und Tools kennengelernt, um Ihre Ad-hoc-Präsentation noch wirkungsvoller, prägnanter und überzeugender zu gestalten beziehungsweise sich besser darauf vorzubereiten. Doch reichen eine gute Struktur und bestens »polierte« Worte aus, um jeden zu überzeugen? Oftmals leider nicht, denn wie wir schon kennengelernt haben, gibt es nicht nur unterschiedliche Denkstile, sondern auch unterschiedliche Präferenzen für auditive, visuelle und kinästhetische Botschaften. Dieses Kapitel hilft Ihnen dabei, noch bessere visuelle Highlights zu finden und Ihre Präsentation noch anschaulicher zu machen. Dabei reißen wir drei verschiedene Medien kurz an und geben Ihnen wertvolle Tipps, Ihre Botschaften noch besser multimedial zu verankern.

Nutzen Sie New PowerPoint

Wer kennt sie nicht, die PowerPoint-Bleiwüsten, bestehend nur aus Aufzählungszeichen und Text? Blutleer und unansehnlich bringen sie auch den letzten Zuhörer zum Einschlafen und unterstützen Sie definitiv nicht dabei, Ihre Idee zu verkaufen. Damit machen wir jetzt Schluss! Wenn wir jetzt über PowerPoint oder andere Präsentationssoftware reden, reden wir über New PowerPoint.

Sie werden sich jetzt sicher fragen, was dieses New PowerPoint ist und ob es Ihnen wirklich dabei helfen kann, in der Kürze der Zeit tolle Visualisierungen für Ihre Ad-hoc-Präsentation zu finden. Ich kann Ihnen aus unserer eigenen Erfahrung und den positiven Rückmeldungen unserer Kunden versichern, dass es das kann, wenn man es richtig angeht. New PowerPoint ist eine Mischung aus Grafikdesign, Gehirnforschung und Psychologie. Wir kombinieren dabei diese unterschiedlichen Disziplinen, um Inhalte bestmöglich aufzubereiten und darzustellen, um den größtmöglichen Effekt beim Gegenüber zu überzeugen. Im Folgenden stellen wir Ihnen drei einfache Regeln vor, wie auch Sie schnell, einfach und wirkungsvoll New PowerPoint für Ihre Ad-hoc-Präsentation anwenden können.

1. Ihre Idee auf einer Folie

Wenn Sie für eine Ad-hoc-Präsentation PowerPoint-Folien zeigen – sei es ausgedruckt, projiziert oder direkt am Bildschirm – wird es sich um ein, zwei maximal drei oder vier Folien handeln. Die Folien werden nicht Ihre eigentliche Präsentation sein, sondern nur ein unterstützendes Hilfsmittel. Diese wenigen Folien haben es aber in sich, da sie maximal komprimiert und sehr verdichtet sein müssen, jedoch gleichzeitig gut verständlich und relevant.

Das wichtigste bei New PowerPoint ist die gedankliche Arbeit vor der Foliengestaltung. Fragen Sie sich, was Sie mit der Folie aussagen möchten, was die inhaltliche Kernaussage der Folie sein soll. Auch wenn es zum Schluss eine sehr verdichtete und inhaltsstarke Überblicksfolie, ein »Big Picture«, werden soll, sollte es keine widersprüchlichen, verwirrenden Aussagen geben. Versuchen Sie den Inhalt Ihrer Folie in einem Satz auszudrücken. Ein paar beispielhafte Situationen zur Verdeutlichung, deren Ziel es ist, immer einen ausführlichen Gesprächs- beziehungsweise Präsentationstermin zu bekommen:

Ad-hoc-Thema	Ziel für Folie	Erste visuelle Idee
Neuer Projekt-managementansatz	Schwierigkeiten am aktuellen Ansatz aufzeigen	Case Study mit Herausarbeiten der Problematik
Workflow-Verbesserung	Vorteile des verbesserten Workflows vorstellen	Vorher-Nachher-Vergleich
Neues Recruiting-Konzept	Problematik aufzeigen, dass Konkurrenz besser ist	Konkurrenzanalyse und Überblick
Neue strategische Ausrichtung Ihres Bereichs	Neue Zukunftstrends aufzeigen	Überblicksfolie mit wichtigsten Trends

Wie Sie sehen können, wird es bei Ihren Visualisierungen – egal ob mit New PowerPoint, Flipchart, iPad und Co. – vor allem darum gehen, Ihrem Gegenüber die Problematik klarzumachen und ihm aufzuzeigen, dass Sie die passende Lösung schon parat haben. Versuchen Sie nicht, mit Ihrer Folie irgendwelche unwichtigen Details zu zeigen. Das können Sie immer noch später als Unterlage nachreichen. Jetzt geht es darum, überhaupt die Aufmerksamkeit für Ihr Thema zu bekommen.

KOMPAKT

Bevor Sie mit der Foliengestaltung anfangen, sollten Sie das »Ziel Ihrer Folie« in einem Satz auf den Punkt bringen. Eine erste Idee für eine Visualisierung kann jetzt noch nicht schaden, ist aber kein Muss!

Vorher ⊙

Nachher ⊙

Beispielhafte Darstellung nur einer Idee pro Folie. Bildquelle: Max Ott

2. Die passende Visualisierung finden

Aufbauend auf dem Ziel beziehungsweise der Zielsetzung Ihrer Folie, sollten Sie sich jetzt Gedanken für eine passende Visualisierung machen. Möchten Sie Aufmerksamkeit für Ihr Problem generieren? Zeigen Sie die Problematik mit Ihrer Folie auf und legen Sie den Finger in die Wunde. Zeigen Sie das »Big Picture« Ihres Unternehmens, Projekts, Konzepts, Kunden mit einem Ablauf- oder Übersichtsdiagramm, in dem Sie alle Einflüsse übersichtlich darstellen, und zeigen Sie die Problematik klar und deutlich auf. Möchten Sie Ihre Kompetenz, Ihre Expertise oder Ihre Erfahrung in den Vordergrund stellen, damit Sie den Termin bekommen? Stellen Sie eine kurze Case Study, eine Erfolgsgeschichte vor oder bringen Sie übersichtlich gestaltete Referenzen mit, bei denen Sie schon Ähnliches umgesetzt haben.

Mögliche Visualisierungen, geordnet nach den unterschiedlichen Denkstilen, stellen wir Ihnen nun kurz vor. Wichtig dabei ist die Relevanz der Visualisierung für Ihr Gegenüber. Auch wenn Ihnen beispielsweise ausdrucksstarke Fotos gefallen, mag Ihr Chef vielleicht nur nüchterne, reduzierte Ablaufdiagramme. Gestalten Sie also die Visualisierungen für Ihren Entscheider und nicht für sich selbst.

Logisch (Gewinn)	Experimentell (Entdeckung)
Tabellen für Vergleiche	Mindmaps
Matrixdarstellungen (zum Beispiel Entscheidungsmatrix)	Überblicksdarstellungen (Tableau)
Datenansichten	Kurzes Video, 3D-Modelle
Logische Schlussfolgerungen	Realistische, bildhafte Konzepte
Abstrakte Fluss-Konzepte	Enthüllungen, Einflüsse darstellen
Strukturiert (Sicherheit)	**Gefühlvoll (Verbundenheit)**
Organigramm/Ablaufdiagramm	Fotos mit positiven Assoziationen (Gefühle)
Struktogramme (Zyklus, Pyramide, Radial etc.)	Bilddiagramme
Phasendiagramme (zum Beispiel Zeitstrahl als mehrere Pfeile etc.)	Zeichnungen
Case Study, Zusammenfassung	Testimonials

Beispielhafter Überblick über verschiedene verdichtete Folien

Logisch ⊙

Geben Sie prägnante Überblicke, Analysen, Zusammenfassungen, Synthesen; bereiten Sie Zahlen, Daten, Fakten auf

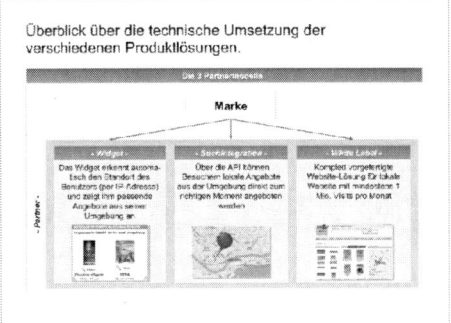

Experimentell ⊙

Zeigen Sie das „Big Picture", Überblick über das gesamte Problem, Konzept, Ansatz, Unternehmen, Strategie ...

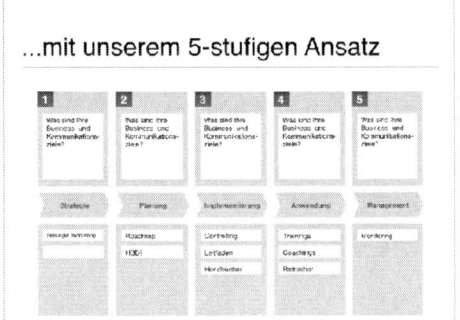

Strukturiert ⊙

Präsentieren Sie Prozesse, Flow-Charts, Abläufe, Strukturpläne, Projektpläne, Timelines, Vorgehensweisen ...

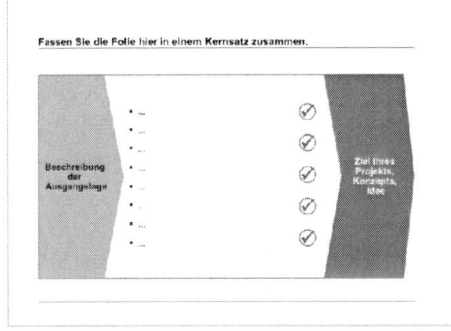

Gefühlvoll ⊙

Zeigen Sie Menschen und Teams. Finden Sie „schöne", ästhetische Visualisierungen für abstrakte Themen.

Wie müssen verdichtete Folien für unterschiedliche Denkstile aussehen. Bildquelle: Max Ott

3. Verdichten und reduzieren

Im dritten und letzten Schritt müssen Sie Ihre wenigen, aber inhalts-starken Folien weiter verdichten und gleichzeitig reduzieren. Dies fällt vielen unserer Kunden sehr schwer, wenn wir bei ihnen an diesem Schritt angelangen. Oft sagen sie dann, dass es doch unmöglich sei, dies zu tun, weil sich beides doch widerspreche, doch das tut es nicht! Zuerst müssen Sie Ihre Folien weiter verdichten. Sind auch wirklich alle Inhalte auf den Folien, um den Zusammenhang zu verstehen? Sind alle wichtigen Begriffe und Abläufe klar, verständlich und einleuchtend für mein Gegenüber?

Wenn nicht, müssen Sie noch nachbessern und weitere Informationen, Infokästen, Fußnoten oder Verweise anfügen. Doch genau hier kommen wir zur Reduktion: »Müllen« Sie nicht Ihre Folien mit belanglosen De-tails zu. Ordnung und Übersicht sind hier wichtiger als kleine Details und Randnoten. Reduzieren Sie Grafiken, Diagramme, Abläufe, Bilder auf das Wesentliche, um hier die Störfaktoren so gering wie möglich zu halten. Nun können Sie beispielsweise mit dem gewonnenen Platz weitere sinnvolle und wesentliche Informationen auf Ihren Folien hin-zufügen.

Streichen Sie Wiederholungen und Redundanzen, diese können Sie sich bei der begrenzten Zahl an Folien und Platz nicht erlauben. Wieder-holen Sie diesen dritten Schritt so oft, bis Sie keine visuelle Störungen wie Schatten, 3D-Effekte, unnötige Verläufe, Redundanzen und sonsti-ge Spielereien auf Ihren Folien haben und die Prägnanz Ihrer Inhalte durch maximale inhaltliche Verdichtung verstärkt wurde. Jetzt sind Sie gewappnet für Ihre nächste Ad-hoc-Präsentation und haben auch noch ein paar mächtige Folien dabei, die Sie visuell unterstützen werden.

Vorher ⊙
Überladen

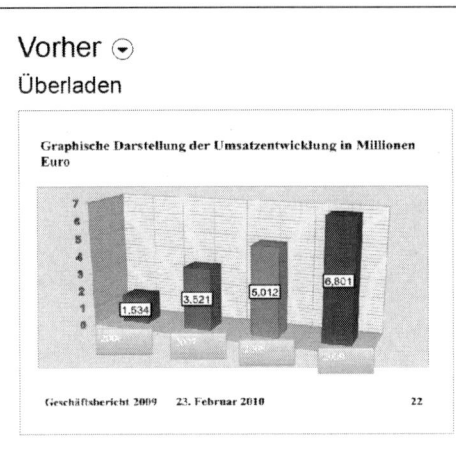

Nachher ⊙
Reduziert

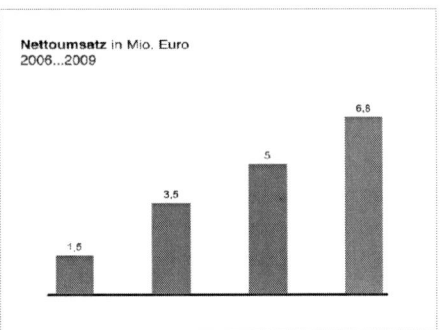

Vorher ⊙
Unstrukturiert/lose

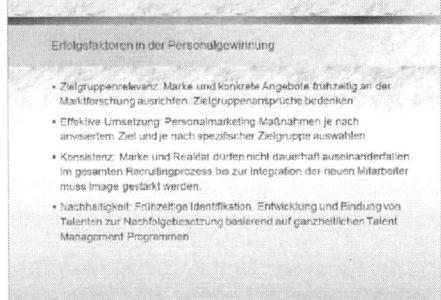

Nachher ⊙
Strukturiert/verdichtet

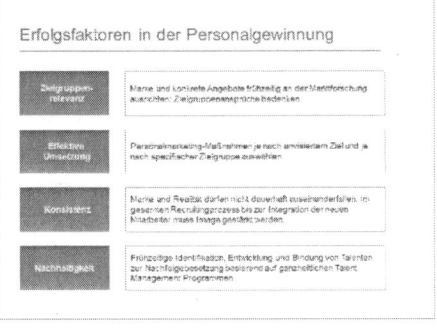

Die Prinzipien der Reduktion und Verdichtung in der Praxis. Bildquelle: Max Ott

Mixen Sie die Medien

Verlassen Sie sich aber nicht nur auf (New)PowerPoint oder andere Prä-
sentationsprogramme. Beim Medieneinsatz im Allgemeinen verhält es
sich ähnlich wie bei den Visualisierungen: Sprechen Sie visuell in der
Sprache Ihrer Mitmenschen. Wenn Ihre Chefin PowerPoint bevorzugt,
überzeugen Sie sie mit ein paar eindrucksvollen New PowerPoint-Folien,
mag Ihr Chef jedoch lieber ein gutes Diagramm auf dem Flipchart, überzeugen Sie ihn damit! Denn nur wer den richtigen Medienmix wählt,
kann sein Gegenüber auch überzeugen. In diesem kurzen Abschnitt
möchten wir Ihnen ein paar Möglichkeiten neben PowerPoint vorstellen.

Mit dem Flipchart oder einem Whiteboard können Sie Ihren Entscheider wesentlich stärker miteinbeziehen, die Aufmerksamkeit stetig auf-
rechterhalten und die Medien darüber hinaus noch als dramaturgische
Mittel einsetzen. Mit einer Zeichnung am Flipchart oder Whiteboard
können Sie anstatt nur zu reden auch aktiv etwas schreiben, markieren,
zeichnen, umblättern oder abreißen und bringen damit etwas mehr Abwechslung in Ihre Ad-hoc-Präsentation. Außerdem können Sie damit
gleich etwas Bleibendes bei Ihrer Chefin hinterlassen, ohne mit großem
Aufwand etwas vorbereiten zu müssen.

Der Flipchart als wirkungsvolles Tool zur visuellen Unterstützung jeder Ad-Hoc-Präsentation. Bildquelle: DNY59 (iStockphoto)

Überblick über verschiedene Einsatzmöglichkeiten

Für Zeichnungen am Flipchart oder Whiteboard gibt es verschiedene Einsatzmöglichkeiten. Beispielsweise können Sie Ihre kurze Präsentation noch etwas spannender gestalten, indem Sie nichts Vorgefertigtes mitbringen, sondern Ihre Inhalte, Ideen und Konzepte erst während der Präsentation auf das Papier bringen. Zum einen entsteht dabei etwas vor den Augen Ihres Entscheiders, und zum anderen wird er auch noch Zeuge eines kreativen Prozesses, der verbindet. Auch können Sie so viel besser auf Impulse, Anregungen, Zweifel und Gedanken eingehen, als dies bei einer schon fertigen Präsentation möglich ist. Dazu brauchen Sie nicht mal einen großen Flipchart, ein weißes Blatt Papier kann Ihnen hierbei auch schon helfen.

Sie können aber auch Inhalte auf dem Flipchart schon vorbereiten, wenn Ihnen ein zu spontaner Auftritt Sorgen bereitet. Ähnlich wie bei PowerPoint können Sie einige wenige Flipcharts vorbereiten und dann einfach nacheinander zum jeweils gesprochenen Wort die einzelnen Seiten umblättern. Auch können Sie beide Techniken mischen, zwei bis drei vorbereitete Seiten mitbringen und eine zusammenfassende Seite freilassen, die Sie direkt am Ende des Gesprächs zusammen befüllen.

Eine weitere Einsatzmöglichkeit, die sehr von der Art Ihrer Ad-hoc-Präsentation abhängt, ist die Kreativtechnik im Brainstorming. Möchten Sie vielleicht eine heikle Problematik ansprechen und dabei die Worte Ihres Chefs nutzen? Wie wäre es mit einem Brainstorming, in dem Sie nur mit Fotocollagen auf dem Flipchart die Impulse geben, Ihr Gegenüber aber die eigentlichen Aussagen trifft? Nach und nach werden immer neue Assoziationen nachfließen, solange die Fotocollage sichtbar ist.

Diese Technik können Sie auch sehr gut einsetzen, wenn Sie verschiedene alternative Lösungen vorbereitet haben, da Sie noch nicht wissen, welche die richtige für Ihren Entscheider ist. In einem Brainstorming mit Bildern, Fotos, kurzen Texten und Aussagen können Sie schnell und einfach die Werte Ihres Gegenübers herausfinden und dann kurz und prägnant die richtige beziehungsweise passende Problemlösung präsentieren.

Außerdem können Sie diese Technik dafür einsetzen, um schnell Entscheidungen herbeizuführen. Mit einer Pro- und Kontra-Matrix können Sie die verschiedenen Entscheidungskriterien durchgehen und ein erstes Stimmungs- beziehungsweise Meinungsbilds Ihres Gegenübers bekommen. Gerade wenn Sie vielleicht auch kurz vor zwei oder drei Menschen präsentieren, kann Ihnen diese Technik wertvolle Informationen für Ihr weiteres Vorgehen liefern.

Tipps zur Darstellung

Viele Menschen haben Angst davor, etwas am Flipchart zu zeichnen, da sie meinen, ihre Zeichnungen seien hässlich oder lächerlich. Doch vergessen viele dabei, dass jedes Publikum, egal wie groß oder klein, es liebt, individuelle »Vorstellungen« zu erhalten, und dass gerade das Menschliche, das Unvollkommene, den Präsentator sympathisch macht. Am Flipchart können Sie enorm viele Sympathiepunkte sammeln, wenn Sie die folgenden »Grundregeln« beachten:

1. Schreiben Sie deutlich und strukturiert

Bei vorbereiteten Flipcharts können Sie Druckschrift verwenden. Wenn Sie aber während Ihrer Präsentationen mitschreiben, sollten Sie Schreibschrift verwenden, weil Sie dann viel schneller sind. Bemühen Sie sich aber trotzdem um eine deutliche und klare Schreibweise. Achten Sie besonders darauf, die Zeilen einzuhalten, um Ihrem Zuseher das Lesen zu erleichtern und Ihren Visualisierungen einen professionellen Look zu verpassen. Strukturieren Sie auch hier Ihre Inhalte mit (farblichen) Hervorhebungen und unterstreichen Sie wichtige Punkte. Gerade bei einem komplexen Prozess- oder Ablaufdiagramm ist dies sehr wichtig, um den Fokus auf die entscheidenden Punkte zu legen.

2. Farben sinnvoll verwenden

Arbeiten Sie durchaus mit verschiedenen Farben: Dabei sollten Signalfarben wie Rot oder Orange seltener vorkommen als ruhigere Farben wie Grün, Blau oder Schwarz. Verwenden Sie also Rot beispielsweise gezielt, um den Finger in die Wunde zu legen, oder zur punktuellen Hervorhebung einzelner wichtiger Begriffe.

3. Mut zur Handzeichnung

Wie in Kapitel 7 schon erwähnt, können Sie mit wenigen anderen Medien so viele Sympathiepunkte sammeln wie mit einer handgemalten Zeichnung. Dabei müssen Sie nicht unbedingt versuchen, alles detailgetreu zu malen, einfache Strichfiguren, Diagramme oder Abläufe reichen oft schon aus, um das Wesentliche noch einmal visuell zu untermalen. Vergessen Sie auch hier nicht, dass der Flipchart, das Whiteboard oder Ihr Block Sie nur visuell unterstützt, Sie aber nie ersetzen kann. Nutzen Sie die Medien in diesem Sinne, dann wird jeder Einsatz eine Bereicherung für Ihre Ad-hoc-Präsentation sein.

Beeindrucken Sie mit neuen Medien (Tablet-PC und Online-Präsentation)

Wenn Sie sowohl Technik als auch Interaktion in Ihrer Ad-hoc-Präsentation verbinden möchten, sollten Sie eine iPad-, Tablet- oder Online-Präsentation vorbereiten. Mit diesen Medien können Sie viel einfacher Interaktionen, Modernität und Flexibilität kombinieren und präsentieren, als es mit anderen Medien möglich ist. Doch sollte auch hier der Rahmen passen. Passt Ihr modernes Medium zum Thema? Wie steht Ihr Chef, Vorgesetzter oder Gegenüber zu solchen Medien? Wenn Sie ein langweiliges Thema dadurch aufpeppen möchten, dass Sie es mit dem iPad präsentieren, wird Ihnen das nicht viel helfen. Inhalt und Form müssen aufeinander abgestimmt werden. Wenn Sie der Meinung sind, dass neue Medien der richtige Kanal sind, haben wir jetzt ein paar Möglichkeiten für Sie zusammengefasst.

1. Begeistern mit dem Tablet-PC

Wie Sie vielleicht schon gemerkt haben, verwenden wir iPad und Tablet-PC bisher synonym. Bis jetzt ist uns noch kein Tablet-PC begegnet, der mit der Vielzahl an Möglichkeiten gleichzeitig eine Verlässlichkeit mit sich bringt, dass er dem iPad Konkurrenz bietet. Verwenden Sie einen anderen Tablet-PC, ist dies natürlich kein Problem, lassen Sie sich nicht durch die Verwendung irritieren.

Mit einem Tablet-PC haben Sie verschiedene Möglichkeiten, zu präsentieren. Zum einen können Sie damit einfach Ihre Präsentationsfolien zeigen und haben gleichzeitig durch die Möglichkeit, schnell zu interagieren und auf Ihr Gegenüber einzugehen, wesentlich mehr Flexibilität als mit einem normalen Computer. Das ist aber quasi nur die »Grundfunktion« eines Tablet-PCs. Vielmehr gibt es Tausende spezieller Apps, kleiner Programme, die vielleicht gerade Ihnen bei Ihrem speziellen Problem helfen können, die Lösung oder die Relevanz aufzuzeigen. Es gibt viele tolle Apps, die frei verfügbare Daten in anschaulicher Weise darstellen und Ihnen viel mehr helfen können, als wenn Sie ein einfaches Diagramm selber zeichnen würden.

Außerdem gibt es viele umfangreiche Zeichenprogramme, mit denen Sie ähnlich wie auf einem Block oder einem Flipchart vor den Augen Ihres Entscheiders malen, gleichzeitig aber auch Folien, Bilder, Daten, Grafiken und andere digitale Inhalte einfach einfügen und bearbeiten können. Zusätzlich können Sie Ihre live entstandene »Präsentation« meist ohne große Mühen exportieren und sofort als Zusammenfassung verschicken!

Den Möglichkeiten mit einem Tablet-PC zu präsentieren, sind fast keine Grenzen gesetzt. Für fast jeden Themenbereich können Sie eine Vielzahl interessanter Applikationen finden. Möchten Sie einen neuen Vorschlag für ein Automodell präsentieren? Es gibt unzählige CAD-Programme. Wollen Sie Ihrem Chef eine Übersicht über eine Branche zeigen? Auch hier gibt es unzählige Apps, die Branchendaten einbinden oder übersichtlich darstellen.

Mit dem Tablet-PC haben Sie sehr flexible Möglichkeiten, Daten und Inhalte interaktiv zu präsentieren. Bildquelle: Bloomua (Photodune)

TIPP Möchten Sie mit Ihrem iPad präsentieren, haben aber nur wenig Zeit für eine Keynote- oder PowerPoint-Präsentation? Auch hierfür gibt es eine App. Vorlagen für Keynote Pro und Vorlagen für PowerPoint Pro sind im App Store für iPad und iPhone erhältlich und statten Sie mit zahlreichen professionellen Designvorlagen aus, die außerdem wirkungsvolle Charts, Diagramme, Strukturabläufe und Grafiken für Ihre nächste Ad-Hoc-Präsentation enthalten. So müssen Sie sich nicht mehr um das Design Ihrer Folien kümmern und haben Zeit für das Wesentliche: Ihre Inhalte.

2. Online-Präsentationen und Online-Meetings

Ihr Kunde, Chef oder Entscheider hat wenig Zeit oder ist viel unterwegs? Auch hierfür gibt es eine Lösung, trotzdem eine Präsentationsmöglichkeit zu bekommen, auch wenn Sie beide nicht im selben Raum sind. Sie haben nämlich die Möglichkeit, Folien oder Bilder zu zeigen. Die Lösung sind Online-Präsentationen beziehungsweise Online-Meetings. Mit einer einfachen Software bekommen Sie Zugang zum virtuellen Raum und können ein paar Folien, Grafiken, Bilder oder Charts zeigen und dazu via Telefon oder Internet (Voice over IP, VoIP) sprechen. Die Vorteile liegen klar auf der Hand: Internet gibt es inzwischen fast überall auf der Welt, und Sie sind somit zeit- und ortsungebunden. Außerdem haben Sie trotzdem immer noch die Möglichkeit, visuelle Medien unterstützend einzusetzen.

Viele Online-Tools bieten außerdem die Möglichkeit, digitale Whiteboards oder Textboards einzusetzen, bei denen Sie die Funktion eines Whiteboards quasi digital in Ihren virtuellen Raum gestellt bekommen. Zeichnen können Sie jetzt einfach mit der Maus, und viele Programme unterstützen außerdem das Einfügen von Bildern, Präsentationen, Diagrammen oder anderen digitalen Inhalten. Ein kurzes und prägnantes Online-Meeting kann so nicht nur Zeit, Nerven und Reisekosten sparen, sondern manchmal auch ganze Meetings ersetzen.

Wenn die Person, vor der Sie gerne präsentieren möchten, wenig Zeit hat und viel unterwegs ist, ist dies vielleicht die beste Möglichkeit, sie trotzdem zu erreichen. Auch hier können Sie die Regeln aus den vorherigen Teilkapiteln anwenden. Ihre Folien sollten gerade beim Online-Meeting knackig und verdichtet sein, damit Ihr Entscheider nicht einfach wegklickt.

3. Videos und Präsentationsplattformen

Eine weitere Möglichkeit, neue Medien sinnvoll einzusetzen, sind Videos oder Präsentationsplattformen. Mit einem kurzen Video – das nicht unbedingt von Ihnen stammen muss oder das Sie nur für diese Gelegenheit produzieren – können Sie manchmal viel mehr sagen als mit einer einstündigen Präsentation. Vielleicht haben Sie ja schon mal einen tollen Clip genau zu Ihrem Thema gefunden oder suchen ihn auf einer der vielen Videoplattformen wie YouTube, Vimeo und Co, der in 30 oder 40 Sekunden genau Ihre Story erzählt oder Ihren Fall verdeutlicht. Ein Video wird nie Ihre gesamte Präsentation ersetzen können, doch können Sie es vielleicht gerade als Einstieg oder zum Abschluss nutzen.

Eine weitere Möglichkeit, die sehr ähnlich zum Video ist, sind Online-Präsentationsplattformen. Mit Plattformen wie Prezi lassen sich Präsentationen direkt im Internet wie auf einer Art Mindmap erstellen, die Sie später wie ein Video animieren können. Der Vorteil ist, dass Sie sich nicht um die Beschränktheit Ihres Platzes auf Folien kümmern müssen und zusätzlich viel mehr Möglichkeiten haben, komplexe Verbindungen und Abhängigkeiten darzustellen. Gerade bei einer Ad-hoc-Präsentation haben Sie so die Möglichkeit, auf einem virtuellen Blatt Papier Ihre Problemlösung, Ihr Konzept oder Ihre Idee anschaulich darzustellen und vor allem das »Big Picture«, die große Problemübersicht, zu präsentieren.

Aber es gibt auch andere Online-Services wie beispielsweise Slide-Share, auf die Sie einfach Ihre Präsentationsfolien hochladen können und so immer Zugriff auf Ihre Präsentation haben. Haben Sie nur ein paar wichtige Folien, können Sie diese hochladen, mit einem Tablet-PC oder Ihrem Computer vor dem Chef präsentieren und Ihm gleich in die Follow-up-E-Mail den Link zur Online-Präsentation schicken. Außerdem haben Sie die Möglichkeit, wichtige Links oder Verweise direkt zu setzen.

Egal für welchen Medienmix Sie sich entscheiden, achten Sie darauf, dass die Medien Sie nur unterstützen und nicht ersetzen. Weniger ist gerade bei Ad-hoc-Präsentationen oft mehr. Vielleicht reicht Ihnen ja wirklich nur die eine Folie oder der eine Flipchart, um Ihre Kernbotschaft zu unterstreichen. Überlegen Sie sich, ob Sie wirklich Ihren Tablet-PC mitbringen oder ob es nicht reicht, eine schnelle Handzeichnung auf Ihrem Block anzufertigen. Oder bringen Sie ein Modell oder einen Prototypen mit, um Ihren Entscheider zu gewinnen. Die Medien, die wir Ihnen vorgestellt haben, sollen nur als Anregung dienen, selbst auch weitere Visualisierungen und unterstützende Medien zu finden. Passen Sie sie dabei immer dem Anlass und Ihrem Publikum an, denn nichts ist schlimmer, als wenn Sie im falschen visuellen Gewand auftreten.

Hilfreiche Apps, Links & Co

TIPP

Zeichen-Apps im Apple iTunes App Store http://www.itunes.de (iPad)
- Paper by FiftyThree – kostenlos in der Kategorie Produktivität
- Penultimate – 0,79 Euro in der Kategorie Produktivität
- Skitch – kostenlos in der Kategorie Produktivität

Eingabestift/Zeichenstift für Apple iPad/iPhone/iPod touch: Just Mobile AluPen, circa 19,00 Euro.

Folien-Vorlagen für PowerPoint oder Keynote auf dem iPad und iPhone
- Vorlagen für Keynote Pro – 3,99 Euro in der Kategorie Produktivität
- Vorlagen für PowerPoint Pro – 3,99 Euro in der Kategorie Produktivität

Weitere interessante Apps aus der Kategorie Wirtschaft
- Presentation Link – interaktive Präsentation auf dem iPad für 3,99 Euro

- OmniGraffle – Profi-Programm für Rein- und Konzeptzeichnungen, Diagramme für 39,99 Euro
- Business Model Toolbox – gestalten Sie ein Geschäftsmodell visuell auf Ihrem iPad für 23,99 Euro
- Roambi Analytics – interaktive Darstellung von Geschäftsberichten und weiteren Zahlen, Daten und Fakten; kostenlos

Software für Online-Präsentationen
- GotoMeeting von Citrix Online: http://www.gotomeeting.de
- WebEx von Cisco: http://www.webex.de
- Adobe Connect von Adobe: http://www.adobe.com/de/products/connect/

Interaktive Online-Präsentationsmöglichkeiten
- SlideShare (Folien online): http://www.slideshare.com
- Prezi (Online-Mindmap): http://www.prezi.com
- YouTube (Videos): http://www.youtube.de
- Vimeo (Videos): http://www.vimeo.com

App Store Online
- iTunes App Store: http://itunes.apple.com/de/

Standhaft präsentieren. Verwandeln Sie Widerstand in Zustimmung

Wie man in den Wald hineinruft, so hallt es zurück

Lebensweisheit

Die Eskalation des Widerstands: Desinteresse, Einwände, Angriffe, Konflikte

Die Grundidee des Limbischen Kommunikationsmodells ist:
Baue deine Präsentation (Pyramide) auf den Entscheidungskriterien (Fragen) und Problemen deiner Teilnehmer auf. Benutze die daraus gewonnenen Kernbotschaften als Kraft, um die Entscheidungswege deiner Teilnehmer in deine Richtung zu lenken. Benutze dazu denkstilgerechte Argumente, Beweise und Belege. Sprich in den Mustern, die deine Zuhörer kennen, verstehen und lieben, und inszeniere überzeugend. Verlasse dich dabei mehr auf die Rhetorik als auf PowerPoint.

Wenn Sie Ihre Präsentation genau so vorbereiten, dann ist Ihre Präsentation für Ihre Teilnehmer relevant, interessant und nützlich. Also hängen die Teilnehmer an Ihren Lippen, freuen sich auf Ihre Lösung und entscheiden in Ihrem Sinne. Sie fühlen sich verstanden, gut aufgehoben und erkennen in Ihnen den Retter, der ihr höllisches Problem löst und ihnen einen himmlischen limbischen Mehrwert bringt: mehr Gewinn, mehr Sicherheit, mehr Zufriedenheit, mehr Vorsprung ...

Widerstand entsteht immer dann, wenn der Präsentierende meilenweit von der Lebenswirklichkeit und vom limbischen Profil seiner Teilnehmer entfernt ist. Er sendet seine Präsentation auf einer Wellenlänge, die seine Teilnehmer gar nicht empfangen können. Die Präsentation rauscht an ihrem Motiv- und Emotionssystem vorbei und kann sie gar nicht

berühren oder motivieren. Dies ist die Ursache vieler Kommunikationsfallen, vor allem der Ego-, der Experten- und der Problemfalle.

Trifft eine Argumentation weder das Belohnungs- noch das Bestrafungssystem, dann sprechen wir von Langeweile und Desinteresse. Lauwarm plätschern die Argumente und Charts an uns vorbei – nur wenn
es keinen weiteren Anbieter weit und breit gibt, entscheiden wir uns
für diese Lösung.

Trifft eine Argumentation Belohnungssystem und Bestrafungssystem,
dann entsteht ein eher leiser Widerstand, ein »Ja, aber ...«. Wir bezeichnen diesen Widerstand als Einwand.

Trifft eine Argumentation nur das Bestrafungssystem, entsteht ein hef-
tigerer Widerstand. Verletzt eine Argumentation die Werte des Gegenübers, was oft ungewollt passiert, dann werden wir mit negativen
Emotionen (Aggression) konfrontiert, der sich als Angriff entladen kann
– der aber auch zu einem stillen Rückzieher beim Gegenüber (unter-
drückte Aggression) führen kann. Wir bezeichnen diesen Widerstand als
fairen Angriff.

Angriffe können aber auch taktisch eingesetzt werden, um das Bestrafungssystem des Präsentierenden anzukurbeln, sodass dieser sein Ziel
aus den Augen verliert. Wir bezeichnen diesen Widerstand als unfairen
Angriff.

Werden die Werte des Gegenübers massiv mit Füßen getreten (auch das
kann während einer Ad-hoc-Präsentation vorkommen – ich erlebe es
in meinen Trainings immer wieder) – dann kann sich ein regelrechter

Konflikt daraus entwickeln. Wir bezeichnen diesen Widerstand deshalb auch als Konflikt.

Desinteresse, Einwand, Angriff, Konflikt haben gemeinsam, dass sie alle nicht auf das Belohnungssystem einzahlen, sondern meist auch auf das Bestrafungssystem. Von der leichten Missbilligung bis zur glühenden Ablehnung reicht die Eskalation des Widerstands – je nachdem, wie stark wir die Werte des Gegenübers verletzen. Das Drama dabei ist: Zu 90 Prozent wollen wir das gar nicht – es passiert unbewusst, weil uns unsere fundamentale limbische Unterschiedlichkeit nicht bewusst ist.

Sie haben umso weniger Einwände, Angriffe und Konflikte,
- je präziser Ihre Präsentation die Werte Ihrer Teilnehmer trifft,
- je präziser Ihre Pyramide die Fragen Ihrer Zuhörer beantwortet,
- je präziser Sie das Problem Ihrer Zuhörer kennen, das Sie mit Ihrer Präsentation lösen.

Je genauer Sie im Vorfeld Probleme und Werte Ihrer Teilnehmer analysieren und Ihre Präsentation darauf aufbauen, umso wertvoller, relevanter und nützlicher ist Ihre Präsentation für Ihre Teilnehmer.

Wenn Sie keine Zeit dazu haben, dann präsentieren Sie eine allgemeine Limbic Pitch. Sie gehen so 100 Prozent wertschätzend mit Ihren Teilnehmern um. Wer Wertschätzung zeigt, bekommt auch Wertschätzung zurück. Wer belohnt, der wird belohnt. Zustimmung, Anerkennung und die Privilegien, die sich aus der Erreichung Ihres Präsentationsziels ergeben, verdienen wir uns, indem wir zuerst auf das Belohnungssystem unseres Gegenübers einzahlen und uns erst in einem zweiten Schritt die Rendite samt Zinsen auszahlen lassen.

Behandeln Sie Einwände wie Freunde

Das Schlimmste, was Ihnen passieren kann, sind nicht Einwände, sondern Widerstände, die nicht offen auf den Tisch kommen. Das weiß jeder Verkäufer. Er lernt in seiner Ausbildung: »Freuen Sie sich über Einwände, denn Einwände signalisieren Interesse!« Wer nicht einmal die Energie für einen Einwand aufbringt, ist meilenweit davon entfernt, Ihren Zielen zuzustimmen. Ein Präsentierender, der die Widerstände seiner Teilnehmer nicht kennt, gerät ins Hintertreffen. Er kann seine Präsentation nicht feinjustieren, kann seine Konzepte oder seine Produkte nicht verbessern, er kann nichts tun, außer ergebnislos nach Hause zu gehen. Es ist heute ein Privileg, die Widerstände seiner Teilnehmer zu erfahren, denn viele meiden den offenen Widerstand und sparen ihre Energie, um eigene Ziele zu erreichen.

Einwände sind also Freunde. Sie signalisieren Ihnen, dass Ihr Gegenüber unter bestimmten Umständen bereit ist, Ihrem Ziel zuzustimmen. Und zwar genau dann, wenn Ihre Lösung auch seinen Werten entspricht, seine Probleme löst und in seiner Sprache präsentiert wird.

Einwände sind auch deshalb Ihre Freunde, weil Sie an Ihnen erkennen, welches limbische Entscheidungskriterium Ihr Gegenüber hat. In den Einwänden melden sich die verletzten Werte Ihrer Teilnehmer zu Wort. Einwände sind also umgedrehte, verdeckte limbische Werte! Werte sind Entscheidungskriterien. Und offen gelegte Entscheidungskriterien sind für Ihre Ad-hoc-Präsentation Gold wert! Salopp gesagt, sind Einwände wie kleine Fähnchen, auf denen genau steht, was für Ihr Gegenüber wichtig ist.

Nutzen Sie die VW-Methode, um Einwände zu verstehen

Einwände sind das sicherste Erkennungszeichen, das ich Ihnen in puncto »Woran erkenne ich die limbischen Profile meiner Teilnehmer?« mitgeben kann. An den Befürchtungen (Bestrafungen) lassen sich die einzelnen limbischen Persönlichkeitstypen sehr direkt und zuverlässig erkennen. Hinter jedem Vorwurf (Einwand) versteckt sich ein verletzter limbischer Wunsch (Wert), der eine klar definierbare limbische Instruktion als Absender hat.

Die VW-Methode: Hinter jedem Vorwurf verbirgt sich ein Wunsch. Bildquelle: Max Ott

Kehren Sie deshalb mit der VW-Technik innerlich immer jeden **V**orwurf sofort in einen **W**unsch um. Präsentieren Sie weiter in Richtung Wunsch. So bleiben Sie auch bei Einwänden nah an den Fragen Ihres Gegenübers und justieren Ihre Pyramide präzise und auf den Punkt!

Vorwurf (Einwand)	Limbische Instruktion	Wunsch
Zu wenig Erfahrung	Sicherheit	Wunsch nach Sicherheit
Nicht vermittelbar an Belegschaft	Verbundenheit	Wunsch nach Harmonie
Rechnet sich nicht	Gewinn	Wunsch nach Gewinn
Unausgereift	Sicherheit	Wunsch nach Sicherheit
Gefällt nicht	Entdecken	Wunsch nach Gefälligem
Zu kompliziert	Sicherheit	Wunsch nach Einfachheit
Nichts Neues	Entdecken	Wunsch nach Aufregung

Die VW-Methode der Einwandbehandlung. Lernen Sie, Einwände blitzschnell innerlich in Wünsche umzuformulieren.

Touch Turn Talk. Nutzen Sie die TTT-Technik, um Einwände zu entkräften

Weil Einwände so wertvoll sind, sollten Sie sie auch wertschätzend behandeln. Mit der TTT-Technik erhalten Sie eine einfache Technik, um Einwände maximal für Ihre Ziele zu nutzen. Würdigen Sie in einem ersten Satz, einem sogenannten Touch-Satz, den Einwand (»Gut, dass Sie das ansprechen«) und drehen im zweiten Satz, dem Turn-Satz, den Einwand in einen Wert/Wunsch um (»Ihnen ist ein X wichtig?«). Dann präsentieren Sie (Talk) genau in diese Richtung weiter und wählen eine limbisch passende Argumentation aus.

Limbische Einwand-Technik:

Touch: Würdigen Sie Einwände und freuen Sie sich über das erhaltene Entscheidungskriterium.

Turn: Formulieren Sie Einwände in Werte und Wünsche um.

Talk: Präsentieren Sie nicht stur weiter, sondern entlang des Wunsches (Entscheidungskriteriums) Ihres Gegenübers.

Lassen Sie uns gemeinsam die TTT-Struktur anhand eines Beispiels anschauen. Angenommen, Sie werden mit dem Einwand »Das ist aber kompliziert« konfrontiert. Dann können Sie in drei Schritten den Einwand entkräften:

3 Schritte	Text	Funktion
Touch: Berühre den Einwand	»Ja, das ist ein wichtiger Aspekt.«	Wertschätzung Deeskalation Zeitgewinn
Turn: Drehe den Einwand um	»Wenn ich Sie richtig verstanden habe, legen Sie Wert auf eine einfache Handhabung?« »Was genau wäre Ihnen wichtig?«	Den Einwand wirklich verstehen VW-Technik: **V**orwurf in **W**unsch umdrehen Aktiv zuhören Fragen stellen
Talk: Entkräfte den Einwand	»Darf ich Ihnen zeigen, wie einfach unser Portal zu nutzen ist?« Oder: »Darf ich Ihnen zeigen, warum diese Komplexität notwendig ist und warum wir sie so einfach wie möglich gehalten haben?« Oder: »Worauf würden Sie gerne verzichten, um das Portal einfacher zu gestalten?«	Entkräften Abgrenzen Verhandeln

Limbische Einwandbehandlung mit der TTT-Methode

Im Folgenden stellen wir Ihnen noch vier weitere Beispiele vor, und wenn Sie genau zuhören, dann werden Sie schnell lernen, den limbischen Absender herauszuhören. Zur Übung schreiben Sie den limbischen Typ unter den Einwand.

Einwand	Touch	Turn	Talk
Das ist totes Kapital!	Das ist natürlich ein sehr wichtiger Aspekt.	Wunsch nach Rendite, Gewinnsteigerung	Darf ich Ihnen die genaue Kalkulation präsentieren, damit ich Ihnen zeigen kann, ab wann sich die Investition für Sie rechnet? (»Ja« abholen mit geschlossener Frage.)
Das haben wir schon immer so gemacht!	Das ist natürlich ein nicht zu vernachlässigender Aspekt.	Wunsch nach Kontinuität	Darf ich Ihnen zeigen, welche bewährten Eigenschaften wir beibehalten haben? (»Ja« abholen mit geschlossener Frage.)
Das kann ich meinen Leuten nicht vermitteln!	Das kann ich sehr gut verstehen.	Habe ich Sie richtig verstanden, dass Sie alle Ihre Leute mit im Boot haben möchten?	Darf ich Ihnen unsere Lösungen aus ähnlichen Projekten präsentieren? (»Ja« abholen mit geschlossener Frage.) Da wir diese Problematik kennen, haben wir folgende Lösung vorgesehen. In einem gemeinsamen Workshop ...
Das ist schrecklich langweilig!	Ich danke für Ihre Offenheit.	Sie wünschen sich eine besondere Lösung.	Was genau stellen Sie sich vor? ... (Nähere Informationen abholen mit offener Genauigkeits-Frage – Antwort abwarten.) Wir bieten Ihnen ein flexibles Trägersystem für unterschiedliche Oberflächen, die sich ganz ungewöhnlich kombinieren lassen ...

Beispiele limbischer Einwandbehandlung mit der TTT-Methode. Die Phase "Turn" muss nicht laut ausgesprochen werden (Beispiel 1 und 2)

Wehren Sie unfaire Angriffe energiearm ab

Kämpfe mit der Faust im Samthandschuh!

Rhetorisches Axiom

Angriffe können fair und unfair sein

Fair sind sie, wenn Sie jemandem auf den Fuß getreten sind, seine Werte verletzt haben und sein Bestrafungssystem deshalb hochaktiv ist. In diesem Fall entschuldigen Sie sich und machen wertschätzend weiter.

Sie erkennen faire Angriffe daran, dass jemand echte Emotionen zeigt, weil Sie sein Bestrafungssystem wirklich aktiviert haben.

Unfair sind Angriffe dann, wenn Sie mit Kalkül kommen. Egal wie gut Ihre Argumente sind, Ihr Gegenüber will nicht, dass Sie gewinnen. Das kann unterschiedliche Gründe haben – politische, strategische, persönliche.

In meinen Seminaren erlebe ich immer wieder, wie meine Teilnehmer alle Angriffe als Kalkül deuten. Dabei sind meiner Meinung nach nur 10 Prozent der Angriffe Kalkül und kommen meist aus dem Munde sehr erfahrener Verhandlungsstrategen oder langjähriger Führungskräfte, die sich präzise mit gewinnorientierten, machtorientierten und destruktiven Verhandlungsmethoden auskennen.

90 Prozent der Angriffe entstehen aus Unwissenheit über die fundamentale Unterschiedlichkeit der Menschen. Mit dem limbischen Kommunikationsmodell und der empfängerorientierten Pyramide werden Sie Angriffe dieser Art vermeiden. Übrig bleiben noch die kalkulierten unfairen Angriffe.

Unfaire Angriffe haben folgende Ziele:

- Sie sollen tief treffen, sodass der Angegriffene mit seinen Emotionen (Wut, Rache, Angst, Fluchtgedanken ...) beschäftigt ist und nicht mit der Sache!
- Sie sollen verunsichern, damit seine gute Vorbereitung und gute mentale Verfassung ausgehebelt wird.
- Der Angegriffene wird müde und angeschlagen und kann dadurch seine Sache nicht mehr so konsequent und selbstbewusst vertreten.
- Sie weisen automatisch in eine unterlegene Situation, denn egal wie wir reagieren, ob aggressiv, ob unterwürfig oder ob souverän – wir bleiben Reagierende.

Aber: Diese Attacken haben nur dann eine Chance, wenn Sie sie zulassen. Deshalb ist es von großer Bedeutung, dass unfaire Angriffe sofort gekontert werden. Es ist wichtig, unfaire Gesprächsbeiträge zu erkennen und konsequent und souverän zu unterbinden. Sonst wird man im schlimmsten Fall zum Spielball und zum Opfer.

Seien Sie immer auch auf solche »Argumente« vorbereitet und üben Sie, sich zu wehren. Vergeuden Sie aber nicht viel Energie dabei. Springen Sie – auch wenn es noch so schwer fällt – nicht emotional an. Souverän mit unfairen Angriffen umgehen bedeutet, seine Emotionen kontrollieren zu können. Der Coolere gewinnt! Denn er behält den kühleren Kopf. Wer sich schnell emotionalisieren lässt, läuft Gefahr, taktisch in die Defensive zu geraten, in ein Streitgespräch verwickelt zu werden und das eigentliche Sachziel aus den Augen zu verlieren.

Auch unfaire Angriffe verraten ihren limbischen Absender. Je nach dominanter limbischer Instruktion und nach dominantem Denkstil haben die Teilnehmer ihre Lieblingsspiele, mit denen sie gezielt einen Präsentierenden verunsichern können:

Logisch	Experimentell
Direkter Angriff	Verwirren
Kompetenz anzweifeln	Ausweichen
Logik der Argumentation angreifen	Sich nicht festlegen
Rolle angreifen	Häufig den Bezugsrahmen wechseln
Ironie bis Zynismus	Nebenschauplätze eröffnen
Distanz/Kühle/Liebesentzug	Grandiose Selbstdarstellung
Nonverbale Dominanzgesten	Blenden
Strukturiert	**Gefühlvoll**
Killerphrasen	Auf persönliche Ebene wechseln
Negativworte (Reizworte)	Schmeicheln
Namedroping	An Gefühle appellieren
Sich auf Autoritäten berufen	Sehr emotional bis Tränendrüse
Immer weiter ins Detail gehen	Beleidigt sein
Zermürbungstaktik	Indirekt agieren
Verschleppung	Verdeckte Angriffe
Grundsätzlich dagegen sein	Freundlich, obwohl wütend

Auch unfaire Angriffe verraten ihren limbischen Absender und können als Erkennungszeichen genutzt werden.

Bewährt hat sich die Taktik der »Faust im Samthandschuh«. Zurückschlagen ja, aber sympathisch verpackt und möglichst energiesparend. Denn das Ziel jeder unfairen Methode ist es, Ihnen Energie zu rauben. Beachten Sie den Angriff zu stark, hat der Angreifer gewonnen.

Faust im Samthandschuh: sympathische Abwehrsätze für unfaire Angriffe

Als besonders hilfreich haben sich »sympathische Abwehrsätze« (Thiele: 2004) bewährt, eine Unterform der schon auf den Seiten 185/86 beschriebenen TOUCH-Sätze. Ihre Funktion ist es, die negative Energie aufzufangen, abzupuffern und auf die eigenen Ziele und Botschaften zurückzulenken (!). Damit vereiteln Sie das Ziel Ihrer Gegner, Sie vom Ziel abzulenken:

- Ihre Frage erstaunt mich sehr ...
- Das überrascht mich sehr ...
- Ihr Vorwurf macht mich sehr betroffen ...
- Ich kann Ihre Frage nicht einordnen ...
- Ihre letzte Aussage irritierte mich ...
- Ihre Frage enthält eine Unterstellung, die so nicht zutrifft ...
- Zu dem Thema gibt es eine Fülle von Untersuchungen ...
- Wie bei jeder Neuerung gibt es auch hier ein Pro und ein Kontra ...
- Das ist eine recht pauschale Feststellung. Ich darf Ihnen die Vorteile unserer Lösung noch einmal verdeutlichen ...
- Das mag Ihre Meinung sein. Richtig ist, dass wir ...
- Ich fühle mich zu Unrecht angegriffen ...
- Sie zeichnen da ein völlig falsches Bild. Zuerst möchte ich klarstellen ...
- Ihre Feststellungen haben mit der Wirklichkeit zum Glück nichts zu tun, ...
- Das ist eine sehr undifferenzierte Feststellung ...
- Ihre Frage enthält eine Unterstellung, die so nicht zutrifft ...
- Sie reihen sehr pauschale Vorwürfe aneinander, die Wirklichkeit sieht zum Glück anders aus ...
- Falsch. Richtig ist ...

Faust im Samthandschuh: energiearme Abwehrtechniken

Diese zweite Technik, die Sie unbedingt beherrschen sollten, ist ganz einfach. Mit kurzen Sätzen und eindeutigen Gesten wird dem Angreifer eine deutliche Grenze gesetzt (Berckhahn (2001)/Fey (2005)). Damit signalisieren Sie: Ich habe dein Spiel erkannt! Hör sofort auf! Nicht mit mir! In 80 Prozent der Fälle reicht diese energiearme Ansage vollkommen aus, um Angreifer wieder auf die faire Sachebene zurückzubringen. Ein weiterer Vorteil: Diese Techniken sind ganz leicht zu erlernen, sind völlig unkompliziert, und der Zugriff bleibt Ihnen auch unter höchster emotionaler Anspannung erhalten. Sie sparen Energie und lassen sich nicht von Ihrem Ziel ablenken.

Stopp-Geste

Hand zum Stoppschild und fest (!):»Moment mal, Herr Kaiser!« Freundlich weiter beim eigenen Ziel bleiben oder eine Frage an den Angreifer stellen.

Sichtbarmachen

Angriff: Das hat noch nie funktioniert!
Abwehr:»Mit Killerphrasen kommen wir hier nicht weiter. Welche Argumente haben Sie denn in der Sache gegen das neue Konzept?«

Zaubersatz (der fast immer passt):

Angriff: Sie beurteilen die Situation völlig falsch!
Abwehr:»Das mag sein ...« (weitermachen zum eigenen Ziel hin)

Deutlich abgrenzen; aussteigen

Angriff: Haben Sie überhaupt Abitur?

Abwehr: »Moment mal, Herr Kaiser, ich bin gerne bereit, mit Ihnen über diese Situation zu sprechen, ich bin allerdings nicht bereit, mich von Ihnen persönlich angreifen zu lassen.«

Humor und Gelassenheit können helfen. Erinnern Sie sich daran: Vieles ist nicht persönlich gemeint. Würde morgen ein anderer in Ihrer Rolle dastehen, so würde es ihn treffen. Und sollten Sie die Ursache des (fairen) Angriffs sein: Entschuldigen Sie sich einfach und machen Sie weiter. Verlieren Sie durch aggressive Menschen nie Ihr Ziel aus den Augen, aber auch nicht durch Tränen, Schmeicheleien, Erpressungen. Lernen Sie, keine Angst vor starken Emotionen zu haben und sich von nichts und niemandem einschüchtern zu lassen. Nur dann hat Ihre Pyramide Bestand!

Üben Sie, Widerstand in Zustimmung umzuwandeln

Mit welchen Einwänden könnten Sie konfrontiert werden?
Mit welchen unfairen Angriffen könnten Sie rechnen?

Überlegen Sie sich passende Antwortmöglichkeiten:

Einwand	Mögliche Antwort/Technik
Angriff	Mögliche Antwort/Technik

Erfolgreich präsentieren. Erreichen Sie Ihr Ziel und leiten Sie den nächsten Schritt ein

10

Schießen Sie nicht über das Ziel hinaus, erkennen Sie Abschlusssignale

Wenn Sie sich an die in diesem Buch vorgestellten Techniken halten, werden Sie erleben, dass Sie Ihr Gegenüber sehr schnell überzeugen. Oft schon nach dem Einstieg mit dem Problem und der Frage nach der Lösung. Das Gegenüber schickt deutlich sichtbar Zustimmungssignale – doch im Eifer des Gefechts reden wir weiter und weiter.

Warum? Weil wir ja so eine schöne Pyramide produziert haben, und nun sollte sie auch in ihrer Gänze zum Einsatz kommen! Doch das ist falsch. Hören Sie sofort auf, zu argumentieren, sobald Zustimmungs-Signale von Ihrem Gegenüber kommen. Leiten Sie den Abschluss – den nächsten konkreten Schritt – ein und gehen Sie!

Deshalb ist es sehr wichtig, dass Sie während Ihrer Präsentation die Reaktionen Ihres Gegenübers/Ihrer Teilnehmer beobachten. Lernen Sie unbedingt die Körpersprache zu lesen. Das ist gar nicht so schwer, denn Sie müssen nicht auf alle Signale Acht geben, sondern nur auf die der Zustimmung und der Ablehnung. Machen Sie immer wieder Pausen zwischen Ihren Kernbotschaften. Fragen Sie Ihren Gesprächspartner, wie er zu dieser Kernbotschaft steht. Hören Sie aktiv zu. Texten sie nicht die ganze Pyramide in einem Rutsch herunter. Flechten Sie immer wieder dialogische Passagen ein, in denen Sie ausloten, wie und ob Sie weiterpräsentieren.

Die Körpersprache ist die Sprache des limbischen Systems. Ist das Belohnungssystem aktiv, dann werden positive Botenstoffe ausgeschüttet, die positive Emotionen erzeugen. Diese zeigen sich in den Signalen der Zustimmung. Hat Ihr Argument das Bestrafungssystem aktiviert, werden negative Botenstoffe ausgeschüttet, negative Emotionen entstehen, und diese werden in Ablehnungssignalen sichtbar. Treffen Sie weder Belohnung noch Bestrafung, dann macht sich das an Signalen des Desinteresses (Langeweile) sichtbar.

Lernen Sie also, die Signale der Zustimmung und der Ablehnung zu deuten. Verlassen Sie sich nicht auf ein losgelöstes körpersprachliches Signal, sondern auf ganze Muster. Es gibt auch verbale (explizite) Abschlusssignale, die in der folgenden Checkliste ebenfalls aufgezählt werden:

Checkliste: »Ja«-Signale (Zustimmung)

Zu beliebten Verhandlungstaktiken gehört es, Signale der Zustimmung nicht offen zu zeigen. Achten Sie also darauf, wenn Ihre Präsentation auf eine Preisverhandlung hinausläuft. Lassen Sie sich dann von einem Pokerface oder scheinbar ablehnender Körpersprache nicht aus dem Konzept bringen. Sie dient dann dazu, Sie zu verunsichern, um Preise zu senken und Konditionen vorzuschreiben.

- Er ist mit ganzem Körper zum Präsentierenden hin gerichtet.
- Seine Körperhaltung ist offen.
- Der Blick ist offen und direkt.
- Die Augen leuchten.
- Er lächelt.
- Er öffnet sich noch mehr.
- Er beugt sich vor.
- Er kommt näher.
- Er nickt.
- Seine Pupillen weiten sich.

- Er wird symmetrisch.
- Er fasst die Unterlagen, Modelle, Produkte gerne und viel an.
- Er stellt Fragen zu Details der Lösung (zum Beispiel nach dem Termin).
- Er fängt an, selbst an der Lösung mitzuarbeiten.

Checkliste: »Nein«-Signale (Ablehnung)

- Augen werden zusammengekniffen und fixieren den Präsentierenden.
- Pupillen verengen sich.
- Blick hebt sich, sodass Blick von oben nach unten möglich wird.
- Arme werden vor der Brust verschränkt .
- Finger formen sich zu Stachelschwein, Spitzdach oder Pistole.
- Fußsohlen werden sichtbar.
- Wenn Beine übereinander geschlagen sind, dann weist das Bein vom Präsentierenden weg.
- Der ganze Stuhl wird ein wenig nach hinten gerückt.
- Lippen meist zu schmalem Strich gepresst (Abwehr, auch geistiger Nahrung gegenüber).
- Fasst mit der Hand unter den Kiefer, reibt Kiefer (Suche nach bissfesten Gegenargumenten).
- Im Stehen: Gegenüber weicht einen Schritt zurück.
- Fuß geht abwehrend nach oben, sodass ein Fuß nur noch auf der Ferse Bodenkontakt hat. Fußsohle zeigt zum Präsentierenden.
- Das Gesicht verdüstert sich.
- Er wendet sich ab.
- Er bringt Einwände.
- Er sagt wenig.
- Er geht.

Checkliste: Signale der Gleichgültigkeit

- Er schaut zum Fenster heraus.
- Er ist ganz in sich versunken.
- Er hat glasige Augen.
- Er spielt gedankenverloren mit Stiften und Unterlagen.
- Er wendet den Blick ab, Blickrichtung meist nach unten.
- Nichtssagende Mimik.
- Wenig Körperspannung.
- Er bringt Vorwände (Notlügen).

Gezielte Fragen, aktiv Zuhören und Beobachten der Körpersprache sind ebenso notwendige Techniken, um überzeugend zu argumentieren. Flechten Sie diese Passagen in Ihre Storyline immer nach einem Gliederungspunkt ein. Rauschen Sie nicht durch, texten Sie niemanden zu, schießen Sie nicht über das Ziel hinaus. Hören Sie einfach auf, wenn Zeit ist. Leiten Sie dann einen Abschluss mit einer vorbereiteten Abschlussfrage ein. Wie Sie eine erfolgreiche Abschlussfrage stellen, lernen Sie im nächsten Abschnitt.

Motivieren Sie zum Handeln und leiten Sie den nächsten Schritt ein

Viele Präsentationen scheitern, weil Sie keinen Abschluss haben. Keiner kann entscheiden, der Vorgang wird vertagt und vertagt und vertagt, bis er schließlich versandet. Führen Sie beherzt den Abschluss herbei – wenn Sie das bestmögliche für Ihr Gegenüber getan haben, dann gibt es gar keinen Grund zu zögern. Sie haben mit der limbischen Pyramide Ihr Bestes gegeben und getan: Sie lösen ein Problem Ihres

Gegenübers, erhöhen damit seine Werte und präsentieren es in seiner Sprache.

Verlieren Sie eine weitere Angst, die Angst vor der Ablehnung. Aus Angst vor Ablehnung trauen sich viele nicht, für Ihre Belange zu kämpfen. Eine Ablehnung ist eine Ablehnung. Mehr nicht. Sie können immer noch Ihr Minimalziel oder einen Plan B aus der Tasche ziehen. Vielen Menschen fällt es sehr schwer, mehrmals nacheinander »Nein« zu sagen.

Im Folgenden stelle ich Ihnen die Abschlusstechnik vor, die sich meiner Meinung nach am besten bewährt hat. Die Technik des »Nächsten Schrittes«. Verlangen Sie nicht von Ihrem Gegenüber, dass es sofort und auf der Stelle »Ja« zum gesamten Projekt sagt. Das kann es oft gar nicht. Überlegen Sie sich einfach: Welcher nächste Schritt muss geschehen, damit Sie Ihrem Ziel näherkommen?

Der
nächste Schritt

Die Abschlusstechnik des »Nächsten Schrittes« bringt Sie sicher zu Ihrem großen Ziel. Bildquelle: Max Ott

Lassen Sie also nur den ersten Schritt absegnen statt des ganzen Projektes. Die meisten Menschen haben Angst vor großen Entscheidungen. Fragen Sie deshalb nach einer Teilzustimmung, die, wenn sie bejaht wird, das »Ja« zum gesamten Projekt impliziert. Statt »Kommen wir ins Geschäft?« – besser »Wann wollen Sie starten?« Sagt Teilnehmer »Ja« zum Termin – sagt er implizit ja zum Gesamtprojekt. Fragen Sie sich: Wenn mein Gegenüber zustimmen würde, welches wäre dann der erste Schritt der Umsetzung? Formulieren Sie hieraus eine W-Frage: Wann, wie viel, wer, wo ...

Beispiel

Wann treffen wir uns, um ...?
Welche Lieferanten soll ich anschreiben?
Ab wann sollen wir mit dem Test beginnen?
Wen sollen wir ins Team holen?
Wann kann ich Ihnen die Details präsentieren?

Enden Sie mit einem Highlight

Ihr Schluss braucht viel Kraft und Klarheit. Deshalb können Sie vor der Abschlussfrage noch eine motivierende Passage einfügen. Zahlen Sie noch einmal ganz intensiv auf das Motiv- und Belohnungssystem ein und wiederholen Sie Ihre drei bis vier limbischen Nutzensargumente in einem Abschnitt. Feilen Sie an diesem Abschnitt mit rhetorischen Wirkverstärkern, vor allem mit Wiederholungen und Steigerungen.

Beispiel

Sie haben sich in unserer kurzen Präsentation selbst überzeugen können: Mit LightDesign gewinnen Sie Jahr für Jahr 40.000 Euro. Mit LightDesign setzen Sie auf bewährte Prozesse, sichere Abläufe und garantierte Techniken. Mit LightDesign sorgen Sie für glückliche Kunden und zufriedene Mitarbeiter. Und Sie machen mit LightDesign Ihre Einzigartigkeit und Ihre Unternehmensvision mit Licht sichtbar!«

Mit einem einzigen Abschnitt sprechen wir alle vier limbischen Programme noch einmal an. Da ja 95 Prozent der Menschen multidominant sind, kurbeln Sie nun ganz intensiv die Ausschüttung von positiven Botenstoffen an. Diese heften sich an Ihre Botschaft, die nun so satt markiert im Großhirn ankommt. Und unser machtloses Organ Großhirn stimmt nun dem nächsten Schritt sehr gerne zu. Fragt man das Großhirn, wer denn entschieden habe, so würde es stolz und etwas großspurig sagen: »Natürlich ich!« Das nennen dann die Gehirnforscher die Benutzer-Illusion des Großhirns. Entschieden wird in den tiefen Zentren unseres limbischen Systems. Das Großhirn ist wie ein Pressesprecher einer Regierung. Es verkündet, was andere schon längst entschieden haben.

Formulieren Sie Ihren motivierenden Schluss

Wiederholen Sie noch einmal alle Ihre limbischen Nutzensargumente in einem kurzen Abschnitt:

Feilen Sie an diesem Abschnitt mit Wirkungsverstärkern, am besten mit Wiederholungsfiguren oder Steigerungen.

Formulieren Sie den nächsten Schritt, der nötig ist, um Ihr Ziel als Gesamtes zu erreichen.

Formulieren Sie nun den nächsten Schritt in eine Frage um. Nutzen Sie Fragewörtchen wie Wann ...? Wo ...? Wer ...? Wie ...?

Beobachten Sie zur Übung in Meetings oder TV-Talkshows die Körpersprache der Teilnehmer. Beobachten Sie das Spiel von Aktion und Reaktion. Achten Sie vor allem auf Signale der Zustimmung und Ablehnung.

In jeder Situation souverän präsentieren. Erweitern Sie Ihr Repertoire

Gastbeitrag von Max Ott

Im folgenden Kapitel möchten wir den Blick weiten und Ihnen zeigen, wie Sie mit den vorgestellten Tools und Techniken nicht nur in Ad-hoc-Präsentationen eine rhetorisch brillante und inhaltlich überzeugende Figur machen, sondern auch in vielen weiteren Situationen davon profitieren können, kurz, knackig und prägnant zu präsentieren. Wir werden Ihnen beispielhaft anhand dreier unterschiedlicher Situationen zeigen, wie Sie Ihr Wissen anwenden können und es Ihnen nicht nur den Alltag beim Präsentieren erleichtert. Begleiten Sie uns auf einer Reise, auf der wir drei unterschiedlichen Menschen bei Ihrer Arbeit über die Schulter blicken, in drei unterschiedlichen Unternehmen und in drei unterschiedlichen Branchen. Alle drei haben sich angeeignet, ad hoc zu präsentieren, und nutzen dieses Wissen, um sich damit auch den Berufsalltag zu erleichtern.

Frau Weber – Marketingprojektleitung in einem Dienstleistungsunternehmen

Frau Weber arbeitet bei einem großen Dienstleistungsunternehmen mit einer Vielzahl an Tochterfirmen, Standorten weltweit und Kunden unterschiedlichster Größe. Sie hat ein internationales Team und muss Marketingprojekte in der gesamten Welt organisieren und moderieren. Sie ist meist nicht der direkte Vorgesetzte der Projektbeteiligten, muss aber für die Ergebnisse geradestehen und den Erfolg garantieren. Wichtig in ihrem Job ist es, die unterschiedlichen Projektbeteiligten in ein Boot zu bekommen und die diversen (Eigen-)Interessen für das Projekt zu kanalisieren.

Meetings und Besprechungen ad hoc moderieren. Bildquelle: shironosov (iStockphoto)

Bevor sie ad hoc präsentieren kennengelernt hat, waren die meisten Projektmeetings unproduktiv und langatmig. Bei banalen Themen, zu denen jeder etwas sagen konnte, wurde stundenlang diskutiert, auch konnte Sie Ihre Projektzielsetzungen und -problematiken nur schwer vermitteln. Kunden konnte Sie nur selten dazu bewegen, an wichtigen Workshops und Meetings teilzunehmen und gegenüber Ihrem Vorgesetzten, dem Marketingleiter, musste Sie sich immer rechtfertigen, warum viele Projekte weder abgeschlossen noch Neukunden akquiriert wurden. Dabei lag doch genau dieser Bereich in ihrer Verantwortung und ein Budgetproblem gab es auch nicht.

Frau Weber recherchierte zum Thema ad hoc präsentieren und las sich in die Thematik ein. In ihrer Projektarbeit wurde sie sich ihrer eigenen Kommunikationsfallen sehr bewusst und arbeitete an diesen intensiv.

Auch erkannte sie die Kommunikationsfallen bei ihren Kollegen und versuchte, diese durch geschicktes Projektmanagement und Verteilung der Aufgaben zu umgehen. Auch definierte Frau Weber wesentlich klarer ihre Zielsetzung und teilte diese offen allen Beteiligten beim ersten Projektbriefing mit. Ihr fiel auf, dass sie früher erst sehr spät die Zielsetzungen formuliert hatte und deshalb ihren Kollegen die Orientierung fehlte.

Auch änderte sie die Kommunikation gegenüber ihrem Vorgesetzten radikal. Ihr fiel auf, dass sie viel zu oft als Bittstellerin an ihren Chef herangetreten war und selten die schon vorliegende Problemlösung vorgestellt hatte. Gerade für Ihre Meetings, die fast 50 Prozent ihrer Arbeit ausmachten, half ihr die Struktur der Pyramide. Nun konnte sie alle Inhalte viel klarer strukturieren und den Effekt sofort bei ihren Kollegen sehen. Viele unnötige Fragen, Diskussionen und Einwände fielen weg und verkürzten so die Dauer vieler Meetings essenziell. Ein toller Nebeneffekt: Nachdem sich die neuen effektiven Meetings von Frau Weber herumgesprochen hatten, konnte sie plötzlich auch viele Kunden für ihre Workshops begeistern. Auch diese strukturierte sie klarer und wesentlich relevanter für ihre Kunden.

Doch auch im Umgang mit Medien gewann Frau Weber weiter Sicherheit. Da sie von der Firma mit einem iPad ausgestattet wurde und sowieso viel unterwegs war und Zeit auf Flughäfen, Bahnhöfen und in Hotels verbrachte, versuchte sie auch hier, die Ad-hoc-Regeln anzuwenden. Mit ihrem Tablet-PC konnte sie sich viel besser ad hoc vorbereiten, aber auch ad hoc Ergebnisse präsentieren, Daten besser visualisieren und Ideen ausdrücken.

Herr Kappel – Senior Consultant in einer Unternehmensberatung

Ein weiterer Profiteur von Ad-hoc-Präsentieren ist Herr Kappel. Er ist Senior Consultant bei einer weltweit führenden Unternehmensberatung und dort schon seit über fünf Jahren erfolgreich tätig. Er berät Unternehmen aus einer Vielzahl an Branchen, Mittelständler, DAX-Unternehmen, Familienbetriebe, überall in Deutschland, immer öfter aber auch in ganz Europa. Oft sind die Probleme der Kunden auch für ihn Neuland, und meist hat er viel zu wenig Zeit, sich in Themen einzuarbeiten.

Mitarbeiter ad hoc führen, ad hoc vorbereiten und präsentieren.
Bildquelle: Squaredpixels (iStockphoto)

Konstanter Zeitdruck ist für ihn selbstverständlich, ohne seine beiden Junior Consultants und zwei weitere Praktikanten könnte er die Arbeit gar nicht stemmen. Probleme muss er meist extrem schnell, aber auch sehr gründlich analysieren. Vorbereitungszeit, egal ob für Präsentationen oder Teammeetings, hat er so gut wie keine. Außerdem ist es gerade in seinem Beratungsunternehmen extrem wichtig, auf den Punkt zu kommen, da man sonst sehr schnell »weg vom Fenster« ist.

Im Präsentieren war Herr Kappel schon seit seinem Studium sehr gut, aber gerade das Setzen klarer Ziele beim Delegieren von Aufgaben an seine Zuarbeiter konnte er durch Ad-hoc-Präsentieren noch weiter schärfen. Indem er die Ziele in der Sprache seiner Mitarbeiter formulierte, konnte er Missverständnisse und Reibungsverluste weiter minimieren, die ihm so wertvolle Zeit brachten, da er weniger selbst nachbessern musste.

Indem er noch mehr und genauer auf die impliziten Fragen seiner Kunden einging, konnte er sogar schon erste Folgeaufträge gewinnen und so auch seine berufliche Zukunft weiter ausbauen. Aber auch in Teammeetings konnte er so seinen Chef davon überzeugen, ihm in mehreren großen Beratungsprojekten bei Großkunden freie Hand für seinen Lösungsvorschlag zu lassen. So gewann er einerseits mehr Freiheit bei seiner Arbeit, konnte aber auch seine eigenen Ideen und Lösungen besser verkaufen.

Sein größtes Problem hatte Herr Kappel aber damit, die passenden Visualisierungen für seine Lösungen zu finden. Zwar unterstützten ihn seine beiden Praktikanten bei der Bildersuche und dem Gestalten von Diagrammen und Folien, doch gerade bei wichtigen Projektabschlüssen und großen Konzeptvorstellungen war er immer noch unzufrieden – er war einfach ein Mann der Worte. Doch nachdem er die einfachen und schnell anwendbaren Regeln von New PowerPoint kennengelernt hatte und dieselben einfachen Regeln bei seiner Konzeptgestaltung in PowerPoint anwandte, fand er schnell die richtigen Diagramme, Charts und Bilder. Endlich konnte er auch visuell seine Vorschläge untermauern, die er mit Worten schon so prägnant und überzeugend formulieren konnte.

Auch lernte er durch Ad-hoc-Präsentieren wesentlich besser mit den Einwänden seiner Kunden umzugehen. Vorher dachte er immer, dass diese meist seine Vorschläge nicht verstanden hatten oder einfach nur beratungsresistent waren. Schnell erkannt, er aber, dass diese Einwände ihm oft viel mehr über die Werte und Bedürfnisse seiner Kunden verrieten, als jedes andere Meeting oder Gespräch bringen konnte. Energiearm konnte er nun viele der Einwände wesentlich besser beantworten und Winderstand oft in Zustimmung für seine Lösung verwandeln.

Besonders am Herzen lag Herrn Kappel auch die Nachhaltigkeit seiner Beratung. Oft wird seiner Branche vorgeworfen, dass die Lösungen realitätsfern und nicht umsetzbar seien. Er erkannte, dass diese Vorurteile vor allem daran lagen, dass zwar sinnvolle Lösungen präsentiert wurden, aber oftmals die nächsten Schritte, der echte Abschluss fehlte. In Projekten, bei denen die Verantwortung bei ihm und seinem Team lag, versuchte er jetzt immer bei der Abschlusspräsentation nicht nur die Lösung zu präsentieren, sondern zum Schluss auch immer realistische nächste Schritte und eine klare Motivation, ein klares Ziel zum Handeln dazulegen.

Herr Meindl – Geschäftsführer in einem IT-Unternehmen

Bei unserer letzten Fallstudie schauen wir uns Herrn Meindl an, den Geschäftsführer eines mittelgroßen IT-Unternehmens mit 120 Mitarbeitern. Herr Meindl kümmert sich vor allem um die strategische Ausrichtung seines Unternehmens, akquiriert neue Kunden und muss immer zu den neuesten Trends und Themen seiner Branche auf dem Laufenden sein.

Vorträge ad hoc meistern. Bildquelle: vm (iStockphoto)

Herr Meindl ist eindeutig ein Mann der Ideen und Konzepte. Bei neuen technischen Spielereien ist er meist der Erste, der sie hat. Bei Cloud-Services und mobilen Applikationen war er mit seiner Firma als einer der Ersten in Deutschland ganz vorne mit dabei, und auch sonst wurde er bis jetzt von keinem neuen Trend überrascht.

Sein größtes Problem ist vielmehr, die vielen Ideen, Konzepte und Trends auch für seine Mitarbeiter, Kunden und Partner verständlich zu machen und sie von neuen Technologien und Produkten zu überzeugen. Vor seinem inneren Auge hat er meist ein sehr genaues Bild und wird auch immer recht schnell ungeduldig, wenn sein jeweiliges Gegenüber nicht sofort versteht, wovon er spricht.

Nach Ad-hoc-Präsentieren wurde ihm aber sehr schnell klar, dass er daran auch oft mit Schuld war, denn seine »kreative« Art zu präsentieren, von einem Punkt zum nächsten zu springen, verwirrte offensichtlich seine Mitarbeiter und Kunden. Deshalb nahm er sich vor, das Prinzip der Pyramide, logisch und strukturiert zu argumentieren, so oft wie möglich zu verwenden. Stellte er ein neues Produkt einem seiner Kunden vor, schwärmte er nicht mehr gleich von Anfang an davon, wie revolutionär und anders es sei, sondern stellte es ganz am Anfang kurz und übersichtlich vor und beantwortete ganz strukturiert die impliziten Fragen seines Publikums.

Aber auch intern, im Kreis seiner Führungskräfte, Programmierer, Designer und Entwickler, konnte er jetzt viel besser seine Ideen ausdrücken und seine Mitarbeiter dazu bewegen, genau das an dem einen oder anderen Produkt umzusetzen, was er für marktrelevant hielt.

Mit der Storyline hatte er endlich eine sinnvolle Struktur gefunden, bei den vielen Fachvorträgen auf Konferenzen eine spannende Präsentation zu halten, die gut und gerne auch mal eine Stunde dauerte. Denn relativ schnell fiel ihm auf, dass man damit nicht nur eine Ad-hoc-Präsentation von fünf oder zehn Minuten meistern, sondern, indem man die einzelnen Punkte einfach noch mit mehr Material unterfütterte, die Storyline wie eine Ziehharmonika ausbauen kann.

Außerdem hatte ihm schon immer Steve Jobs und seine Art des Präsentierens gefallen, doch wusste er nicht wirklich, voran es lag, und vor allem, wie er es ihm nachmachen könnte. Nachdem er die einfachen Stilmittel, die Steve Jobs benutzte, kennengelernt hatte, stellte er fest, wie einfach es war, diese in seine eigenen Vorträge und Präsentationen einzubauen. Vor allem die vielen rhetorischen Wiederholungen und Antithesen hatten es ihm angetan. Mit Letzteren konnte er vor allem technologische Neuerungen und Produkte des Cloud-Computings wesentlich besser vorstellen, beschreiben und auch verkaufen, indem er einfache Vorher-Nachher-Vergleiche anwandte. Denn nur im Kontrast zu alter Technologie konnte er die Neuerungen schmackhaft machen. Aber nur, wenn sein Publikum oder seine Kunden sehen konnten, was ihnen ohne die neue Software entgehen würde beziehungsweise wie viel Zeit sie gegenüber »konventionellen« Lösungen sparen könnten.

Diese drei Fallstudien sollten Ihnen aufzeigen, welche vielfältigen Möglichkeiten es gibt, die Ad-hoc-Regeln und Impulse in diesem Buch in den unterschiedlichsten Situationen anzuwenden, und so Zeit und Aufwand zu sparen und gleichzeitig noch bessere Ergebnisse zu erreichen.

Schlusswort

Ad hoc präsentieren bedeutet nicht, zu reden, wie einem der Schnabel gewachsen ist. Ad hoc präsentieren bedeutet, effektive rhetorische Techniken zu kennen und zu verinnerlichen, sodass sie dann in meist stressigen Ad-hoc-Situationen abrufbar sind. Das bedeutet, dass wir die vorgestellten Techniken zuerst in Situationen anwenden, in denen wir Zeit zur Vorbereitung haben. Dann üben wir sie in unverfänglichen Situationen live. Wir lernen aus Fehlern und werden immer besser. Nach und nach gehen dann das Tun-Ziel, die Pyramide, die Evidenzmittel, die Wirkverstärker und die Abschlussfrage in Fleisch und Blut über.

Machen Sie sich zuerst mit Ihrer Kommunikationsfalle vertraut. Lesen Sie die Kapitel besonders aufmerksam, die Ihnen bei der Testauflösung empfohlen wurden. Setzen Sie die Methoden und Techniken als Erstes ein.

Üben Sie die Techniken zuerst beim Schreiben

- Verfassen Sie Ihre Texte mit der Pyramide. Sie wurde ursprünglich von Barbara Minto hierfür erfunden und eignet sich hervorragend für alle schriftlichen Berichte, aber auch für E-Mails.
- Üben Sie die Pyramide zuerst in unverfänglichen Kontexten, zum Beispiel privat, im Verein oder im eigenen Team. Nutzen Sie die Unterstrukturen der Pyramide (Aspekte/Vorteile/Phasen) auch am Telefon oder bei Statements in Meetings.
- Bereiten Sie ab heute auch alle nicht Ad-hoc-Präsentationen so vor, wie im Buch beschrieben. Die Techniken sind dieselben: Tun-Ziel, Pyramide, Storyline in PowerPoint übertragen, Evidenzmittel herstellen, feilen mit Wirkverstärkern, Medienmix nutzen und Abschluss herbeiführen.

- Halten Sie auf Ihrem Notebook/Tablet-PC oder auf SlideShare zu wichtigen Themen ein Big Picture oder eine visualisierte Limbic Pitch bereit. So können Sie immer und überall ad hoc präsentieren. Üben Sie, frei aus dem Handgelenk zu skizzieren.
- Beobachten Sie viel. Beobachten Sie in Meetings die Körpersprache der anderen und achten Sie auf Signale der Ablehnung und der Zustimmung. Analysieren Sie mit dem Limbischen Kommunikationsmodell, warum die Reaktion so ausgefallen ist. Welche Werte wurden verletzt beziehungsweise bestätigt?
- Hören Sie analytisch zu. Achten Sie dabei auf die limbischen Schlüsselworte, also vor allem auf Adjektive und Verben. Gehen Sie mit weißer Leinwand in Gespräche, machen Sie sich so gut wie möglich frei von Ihrem limbischen Autopiloten. Der versucht ständig unbewusst, unsere Werte und Vorstellungen auf die anderen zu projizieren. Wertfrei zuhören kann sehr spannend sein, denn es ermöglicht uns den Ausflug in fremde Werte-, Denk- und Emotionswelten.
- Lernen Sie von den Besten. Schauen Sie sich auf YouTube Videos von Steve Jobs an. Besuchen Sie die Internetseite www.TED.com und schauen Sie dort den Großen dieser Welt beim grandiosen Präsentieren zu. Auf unserer Website zum Buch können Sie sich einige ausgewählte Videos ansehen, außerdem stellen wir Ihnen eine Liste mit weiteren Links zusammen.
- Trauen Sie sich. Packen Sie die Gelegenheit beim Schopf. Ärgern Sie sich nicht über die schlechten Zustände in Ihrem Team oder Unternehmen, sondern kämpfen Sie für eine Verbesserung mit den hier gelernten Methoden.

- Lernen Sie zu verlieren. Wir können nicht immer gewinnen. Verlieren Sie manchmal bewusst strategisch, wenn Ihnen etwas nicht so wichtig ist. Kämpfen Sie umso beharrlicher, wenn Ihnen etwas sehr am Herzen liegt.
- Nutzen Sie das Limbische Kommunikationsmodell nicht nur für Ihre Präsentation.
- Das Wissen um die Unterschiedlichkeit der Menschen, um ihre fundamentale Verschiedenheit kann Ihnen auch helfen, besser zusammenzuarbeiten, gelassener zu werden, weniger Konflikte zu haben.
- Als Führungskraft kann es Sie dabei unterstützen, motivierte und starke Teams zu bilden. Schicken Sie kein Eichhörnchen zum Schwimmen und keinen Fisch zum Klettern. Schauen Sie sich das limbische Profil Ihrer Mitarbeiter an und holen Sie das Beste aus ihnen heraus. Setzen Sie sie an die richtige Position, flankieren Sie sie mit dem richtigen Sparringpartner, der oft das entgegengesetzte Profil hat.
- Wenn Sie ein Unternehmen leiten, dann nutzen Sie das Limbische Kommunikationsmodell, um zu verstehen, wo Sie auf der limbischen Wertemap und wo Ihre Wunsch-Zielgruppe steht. Machen Sie alles, um auf das Belohnungssystem Ihrer Wunsch-Zielgruppe einzuzahlen. So werden Sie langfristig loyale Kunden haben und höhere Gewinne erwirtschaften.

Kommunikation ist die Grundlage eines jeden Erfolgs. Wer immer und überall charmant und wirkungsvoll überzeugt und Gesprächspartner für sich gewinnen kann, der hat die Nase vorne. Wann immer Sie wollen, wo immer Sie sind und wer auch immer Ihr Publikum ist – Sie können nun sicher vor allen wichtigen Entscheidern punkten.

Literatur

Rhetorik und Präsentation

Atkinson, Cliff (2005): Erzählen statt aufzählen. Neue Wege zur erfolgreichen PowerPoint-Präsentation. Microsoft Press, Unterschleißheim

Atkinson, Cliff/Mayer, Richard E. (2004): Five Ways to Reduce PowerPoint Overload. www.beyondbullets.com

Braun, Roman (2001): Die Macht der Rhetorik. Besser reden – mehr erreichen. Frankfurt und Wien

Berckhahn, Barbara (2001): Die etwas intelligentere Art, sich gegen dumme Sprüche zu wehren. Heyne Verlag

Duarte, Nancy (2009): slide:ologie – oder die Kunst, brillante Präsentationen zu entwickeln. Köln

Duarte, Nancy (2012): resonate – oder wie Sie mit packenden Stories und einer fesselnden Inszenierung Ihr Publikum verändern. Wiley-VCH-Verlag, Weinheim

Edmüller, Andreas und Wilhelm, Thomas (2002): Manipulationstechniken. Erkennen und abwehren. Haufe Verlag, München

Fey, Gudrun (2005): Gelassenheit siegt. Mit Fragen, Vorwürfen, Angriffen souverän umgehen. Walhalla u. Praetoria, Berlin, Bonn

Hermann-Ruess, Anita (2006): Speak Limbic! Wirkungsvoll präsentieren. Präsentationen effektiv vorbereiten, überzeugend inszenieren und erfolgreich durchführen. BusinessVillage-Verlag, Göttingen

Hermann-Ruess, Anita (2007): Sell Limbic. Einfach verkaufen. Entdecken Sie täglich neue Verkaufspotenziale – werden Sie zum Spitzenverkäufer. BusinessVillage-Verlag, Göttingen

Hermann-Ruess, Anita (2010): Wirkungsvoll präsentieren. Das Buch voller Ideen. Rhetorik-Highlights, Argumente, Formulierungen und Methoden für emotionale Präsentationen. BusinessVillage-Verlag, Göttingen

Hermann-Ruess, Anita (2010): Highlight-Rhetorik. Anleitung zur Emotionalen Rhetorik mit 70 Highlights. GABAL Verlag, Offenbach

Hermann-Ruess, Anita/Max Ott (2012): Das gute Webinar. Online präsentieren und Kunden gewinnen. Addison-Wesley Verlag, Pearson Deutschland, München

Hichert, Rolf (o.J.): Erfolgreich präsentieren. www.hichert.com

Holz, Friedrich (1981): Methoden fairer und unfairer Verhandlungsführung. WEKA-Verlag, Kissing

Mayer, Richard E. (2001): Multimedia Learning. University Press, Cambridge

Mayer, Richard/Moreno, Roxana (2005): Cognitive-Affective Theory of Learning with Media

Minto, Barbara: The Pyramid Principle. New York: Financial Times Prentice Hall, 2002 (deutsch: Das Prinzip der Pyramide, Pearson Studium, 2005)

Pöhm, Matthias (2002): Vergessen Sie alles über Rhetorik: mitreißend reden – ein sprachliches Feuerwerk in Bildern. mvg, München

Reynolds, Garr (2008): ZEN oder die Kunst der Präsentation. Mit einfachen Ideen gestalten und präsentieren. Addison-Wesley Verlag, München

Reynolds, Garr (2010): ZEN oder die Kunst des guten Präsentationsdesign. Mit einfachen Techniken packend gestalten. Addison-Wesley Verlag, München

Reynolds, Garr (2011): Naked Presenter. Wirkungsvoll präsentieren – mit und ohne Folien. Addison-Wesley Verlag, München

Roam, Dan (2009): Auf der Serviette erklärt. Mit ein paar Strichen schnell überzeugen statt lange präsentieren. Redline Verlag, München

Thiele, Albert (2004): Argumentieren unter Stress. Wie man unfaire Angriffe erfolgreich abwehrt. F.A.Z.-Institut, Frankfurt am Main

Neurokommunikation

Häusel, Hans-Georg (2003): Think Limbic! Die Macht des Unbewussten verstehen und nutzen für Motivation, Marketing, Management. Haufe-Verlag, München

Häusel, Hans-Georg (2004): Brain Script. Warum Kunden kaufen. Haufe-Verlag, München

Häusel, Hans-Georg (2009): Emotional Boosting. Die hohe Kunst der Kaufverführung. Haufe-Verlag, München

Herrmann, Ned (1991): Kreativität und Kompetenz. Das einmalige Gehirn. Paidia Verlag, Fulda

Herrmann, Ned (1997): Das Ganzhirn-Konzept für Führungskräfte: Welcher Quadrant dominiert Sie und Ihre Organisation? Ueberreuter, Wien

Herrmann International Deutschland: Seminarunterlagen und Charts. Weilheim. www.hid.de

Hermann-Ruess, Anita (2006): Speak Limbic! Wirkungsvoll präsentieren. Präsentationen effektiv vorbereiten, überzeugend inszenieren und erfolgreich durchführen. BusinessVillage-Verlag, Göttingen

Hermann-Ruess-Anita (2007): Sell Limbic. Einfach verkaufen. Entdecken Sie täglich neue Verkaufspotenziale – werden Sie zum Spitzenverkäufer. BusinessVillage-Verlag, Göttingen

Hermann-Ruess, Anita (2010): Wirkungsvoll präsentieren! Das Buch voller Ideen. 400 Seiten Rhetorik-Highlights, Argumente, Formulierungen und Methoden für emotionale Präsentationen. BusinessVillage-Verlag, Göttingen

Hermann-Ruess, Anita (2010): Highlight-Rhetorik. Anleitung zur Emotionalen Rhetorik mit 70 Highlights. GABAL-Verlag, Offenbach

Roth, Gerhard (2007): Persönlichkeit, Entscheidung und Verhalten. Warum es so schwierig ist, sich und andere zu ändern. Klett-Cotta, Stuttgart

Scheier, Christian/Held, Dirk (2006): Wie Werbung wirkt. Erkenntnisse des Neuromarketing. Haufe-Verlag, München

Scheier, Christian/Held, Dirk (2009): Was Marken erfolgreich macht. Neuropsychologie der Markenführung. Haufe-Verlag, München

Weiterführende und hilfreiche Internetseiten

Auf der Seite www.hermann-ruess.de finden Sie die Videos und Sie erhalten Materialien zum Download sowie ein Verzeichnis von Links zu herausragenden Präsentationen.

Die Autorin

 **Anita Hermann-Ruess** ist eine gefragte Expertin zum Thema Präsentieren, Rhetorik und virtuelle Kommunikation und Inhaberin der Kommunikationsberatung Hermann-Ruess & Partner. Sie studierte Rhetorik an der Universität Tübingen, ist Autorin mehrerer Bücher über wirkungsvolles Präsentieren.

Sie ist Inhaberin eines der innovativsten Trainings- und Beratungsinstitute für Kommunikation und Social Skills und verbindet Kommunikationsforschung mit Neurowissenschaften und New Media. Zu ihren Kunden gehören große Marken und weltmarktführende Mittelständler. Seit über 15 Jahren profitieren ihre Teilnehmer von ihren professionellen Workshops und ihrer motivierenden Art. Mit Begeisterung berät sie Unternehmen und entwickelt Führungskräfte, Mitarbeiter und Teams weiter. Dabei nutzt sie neben den bewährten Methoden der klassischen Rhetorik und Kommunikation innovative Methoden aus der Gehirnforschung und entwickelt eigene Modelle und Methoden wie die Instrumente Limbisches Kommunikationsmodell (LKM®), New PowerPoint, HRP-Webinar-Struktur, Highlight-Rhetorik.

Kontakt

Wenn Sie die vorgestellten Methoden und Techniken in einem Seminar üben möchten, dann nehmen Sie Kontakt mit mir auf:

Anita Hermann-Ruess, Hermann-Ruess & Partner
E-Mail: seminare@hermann-ruess.de
Web: www.hermann-ruess.de

Die Gastautoren

 **Max Ott** ist Spezialist für visuelle Kommunikation und Experte für PowerPoint. Er findet für Unternehmen die passende Bildsprache, illustriert komplexe Zusammenhänge und gestaltet PowerPoint-Charts nach den neuesten Erkenntnissen aus Rhetorik und Design. Sein Anliegen ist es, die Leser dabei zu unterstützen, mit einfachen Mitteln herausragende und wirkungsvolle Charts zu gestalten und neben PowerPoint auch andere Medien sinnvoll zu nutzen. Er ist Spezialist für neue Präsentationskanäle, -medien und -methoden wie virtuelle Präsentationen, dem Präsentieren mit dem iPad oder New PowerPoint.

 **Walburga Buechler** begleitet und coacht Einzelpersonen, Teams und Unternehmen. Sie ist Kommunikations- und Konfliktberaterin. Als Spezialistin für visuelle Überzeugungsstrategien ist ihr Credo: Präsentationen, Meetings und Workshops gewinnen an Klarheit und Überzeugungskraft, wenn Ideen parallel zum gesprochenen Wort skizziert werden. Gerade komplexe Probleme lassen sich mithilfe von Skizzen oder Bildmetaphern einfacher erklären, sicherer transportieren und nachhaltiger verankern. Ad-hoc-Präsentationen werden im Nu abwechslungsreicher und einprägsamer. Als Moderatorin ermutigt sie auch die Teilnehmer, die sich für »talentfrei« im Zeichnen halten, diesen visuellen Weg für sich zu entdecken.

Expertenwissen auf einen Klick

...

Gratis Download:
MiniBooks – Wissen in Rekordzeit

MiniBooks sind Zusammenfassungen ausgewählter
BusinessVillage Bücher aus der Edition PRAXIS.WISSEN.
Komprimiertes Know-how renommierter Experten –
für das kleine Wissens-Update zwischendurch.

Wählen Sie aus mehr als zehn MiniBooks aus den Bereichen:
Erfolg & Karriere, Vertrieb & Verkaufen, Marketing und PR.

→ www.BusinessVillage.de/Gratis

BusinessVillage
Update your Knowledge!

Verlag für die Wirtschaft

Managementbuch.de
EMPFEHLUNG
PRÄSENTIEREN

Anita Hermann-Ruess
Speak Limbic – Wirkungsvoll präsentieren
Präsentationen effektiv vorbereiten,
überzeugend inszenieren und erfolgreich
durchführen

130 Seiten; 1. Auflage 2009; 21,80 Euro
ISBN 978-3-93835-827-6; Art-Nr.: 625

Präsentieren bedeutet Ziele erreichen! Einfach den Auftrag bekommen, Forderungen durchsetzen, Wissen vermitteln, andere von eigenen Ideen überzeugen, als Mensch kompetent und sympathisch ankommen. Dieses Buch begleitet Sie wie ein Rhetorik-Coach vom Tag des Präsentations-Auftrags bis zum Applaus der Teilnehmer: Schritt für Schritt mit Fragen, Tests, Katalogen für Argumente und Überzeugungsmittel.

Viele praxisnahe Beispiele beleuchten die Theorie aus unterschiedlichen Perspektiven. Sie erhalten konkrete rhetorische Anleitungen, um eine herausragende Präsentation zu gestalten und um sich vom Durchschnitt abzuheben: rhetorische Wirkfiguren, um fesselnd und lebendig zu sprechen, Ideen, wie Sie Ihre Argumente einleuchtend und anschaulich formulieren sowie Anregungen, wie Sie Technik und Medien kreativ und sinnvoll einsetzen.

Nutzen Sie wissenschaftliche Erkenntnisse um Ihre Ziele präzise und effektiv zu erreichen. Denn nur wer die „Programme" im Kopf seiner Zuhörer kennt und anspricht, wird wirklich verstanden, kann überzeugen und seine Ziele erreichen.

Anita Hermann-Ruess
Wirkungsvoll präsentieren – Das Buch voller Ideen
Rhetorik-Highlights, Argumente, Formulierungen und Methoden für emotionale Präsentationen

456 Seiten; 1. Auflage 2010; 29,80 Euro
ISBN 978-3-86980-075-2; Art-Nr.: 846

Rhetorik-Highlights, Argumente, Formulierungen und Methoden für emotionale Präsentationen

Wie man Präsentationen und Vorträge hält, wissen die meisten Menschen. Mitreißen, fesseln und beeindrucken gelingt aber den wenigsten. Genau hier setzt dieses Buch an: Hunderte von Formulierungen, Stilmitteln, Wirkfiguren, kreativen Ideen und rhetorischen Highlights helfen, einzigartige emotionale Vorträge und Präsentationen zu entwickeln.

Anita Hermann-Ruess, Expertin für Präsentation und Rhetorik sowie mehrfache Buchautorin, liefert in dieser Sonderausgabe das Know-how für überzeugende und herausragende Präsentationen. Wirkungsvolle Gesten, mediale Inszenierungstechniken oder authentische Körpersprache – mit diesem Buch sind Sie in allen Phasen der Präsentation bestens beraten. Und mit dem limbischen Wörterbuch finden Sie endlich im Handumdrehen die richtigen Formulierungen mit der passenden emotionalen Wirkung.